黑水虻大軍

實現低碳永續夢

蜻蜓石

實現循環經濟、
永續零廢棄的未來農場

台灣大學名譽教授　石正人 著

目錄

第四章
蜻蜓石是自給自足的小宇宙

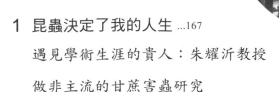

第五章
昆蟲打造的人生路

昆蟲學者打造生物多樣性園區

堅持做一件事情,是困難而無法持久的,況且做對的事情,是更加困難。

四年前,在台灣農業經營學會理監事會議中與石正人教授結緣,爽朗的笑聲令人感到非常愉悅。石教授打造的蜻蜓石民宿享譽台灣,是非常具有特色的一個民宿。

蜻蜓石不單是住宿與用餐的地方,更是一個能提供自然生態學習的好地方。

三年前,我與台灣大學生物產業傳播學系在職專班的同學們,一同前往蜻蜓石,在兩天的學習過程當中,了解到石教授的用心。對於地球的自然生態盡心盡力,打造一個循環經濟園地。

他利用黑水虻處理廚餘及雞糞,再把黑水虻當飼料餵養雞隻,除了提供動物蛋白質來增加雞隻的營養及抗體,可減少疾病的發生,更可使廢棄物數量變少。

目前台灣畜牧業的雞、豬糞便處理是一大難題，能夠充分利用黑水虻來解決眼前的問題，真是一大功德。

在參觀石教授的蜻蜓石生態農場，看到復育的螢火蟲，聽到蛙鳴聲、鳥叫聲，還有各式各樣的野生動物棲息，真不愧是一個世外桃源、生物多樣性的好地方。

石教授投入了畢生心力，打造這樣一個豐富的自然生態園區，令人敬佩！

台灣農業經營管理學會理事長

現代版桃花源，與萬物共享幸福！

第一次驅車至蜻蜓石時，按著指示經宜三路左轉進入拔雅路，心中就響起桃花源記所述：

「山有小口，彷彿若有光。便舍船，從口入。初極狹，才通人。復行數十步，豁然開朗。土地平曠，屋舍儼然，有良田美池桑竹之屬。阡陌交通，雞犬相聞。其中往來種作，男女怡然自樂。」

沒有錯，目光所及與桃花源記情節相符，惟隨即默思桃花源記僅為古人對生活態度一種想像，現實社會要把三生（生產、生態、生活）合而為一，就如桃花源記所提，僅為理想無法實踐：

「太守即遣人隨其往，尋向所志，遂迷，不復得路。」

本書主角石正人為標準斜槓人生，台大昆蟲系教授／民宿經營者／有機友善農業工作者／金鐘獎得主／生態守護者／黑水虻推廣者／循環經濟實踐者／廚餘生態處理設計師等多重角色。特別石教授在學術頂峰時，毅然決然退休，

將學術所學轉換成三生實踐者，將「生產」（經濟）兼顧「生態」（環境）保育，進而達到桃花源記所述理想幸福「生活」。當然這一條路亦充滿崎嶇坎坷，現實如桃花源記最後結語，理想常常抱憾而終：

「南陽劉子驥，高尚士也，聞之，欣然規往。未果，尋病終。」

但石教授憑藉扎實學術理論基礎及無比勇氣與毅力，從1999年赴紐西蘭進行訪問研究時之理念發想，2000年實際著手購地迄今，蜻蜓石生態農場已為我們展現桃花源記實踐之可能性，我們可以與萬物共享幸福。

此外石教授志業中，亦希望將他的理論與實踐推廣至台灣普羅大眾，目前石教授正嘗試設計家戶可用之廚餘生態處理機，屆時廚餘不需清運、不用焚燒、掩埋，除節省資源、守護環境外，亦可作為動物或植物天然飼料和有機肥，形成共享經濟，家家戶戶均為桃花源記實踐者，並打造台灣共生淨土。

中興大學終身特聘教授 林耀東

以生態永續理念，打造獨特的生態民宿體驗

退休後，我和親家經常相約一同聚餐及遊玩，兩年多前，在周親家的極力推薦下，我們第一次來到蜻蜓石生態民宿，雖然上山的路況不是很理想，但到了民宿後，有著很好的住宿體驗。

蜻蜓石除了有石教授與夫人安排的精緻晚餐，餐後，石教授更與我們分享他一路走來，從設計到建造，再到經營蜻蜓石的心路歷程。

石教授更期許這裡能成為推廣環境生態教育的示範地，經常為遊客解說民宿自給自足的生態，為環境教育盡一份心力。

石教授與夫人一頭栽進來民宿的經營，除了發揮他的專長，以循環經濟與生態永續的理念來經營外，石夫人也在監工民宿的建設外，為了民宿的營運，特別去考取廚師與救生員的執照，讓住客都對他們夫婦的用心與決心感到非常佩服。

在蜻蜓石住宿的第二天，石教授帶著我們到他開闢的生態農場，讓我們認識了可以處理廚餘、可以用來餵雞，有趣又有用的蟲——黑水虻。

蜻蜓石自成一個生態圈，住客們拿他養的蟲，去雞舍餵給雞吃，感受到他們經營的用心及專業，很多住客也會購買當天最新鮮的雞蛋及農園裡種植的蔬菜，對他們所打造的自然生態，大家都留下深刻的印象。

在此推薦給大家，歡迎大家有空時也可以來蜻蜓石，一同度過難忘的假期。

智榮基金會董事長
宏碁集團創辦人　施振榮

蜻蜓點水泛漣漪，三生永續萌新芽

坐落在宜蘭頭城依山傍水的蜻蜓石生態民宿，如同一隻蜻蜓乘載著經營者以「萬物為本」的信念，落實「循環生產」、「生態保育」、「生活品質」三生平衡，飛旋於山間，展翅擁抱來訪的旅客，讓人彷若置身世外桃源，忘卻汲汲營營的日常，融入大自然的環抱。

近年來氣候變遷導致天候異常越發頻繁，漸漸波及人類生存環境，成為急需處理的生態議題。「減碳」已成為全球共同努力的目標，在各國紛紛提出減排零碳、升溫控制1.5℃、使用再生能源…等行動策略下，台灣也公布「2050淨零排放」響應國際趨勢。在政策的指引下，各企業也需集思廣益，發揮核心職能執行減碳行動。

石正人教授賢伉儷以永續理念經營蜻蜓石生態民宿，除體現建築設計之美、嚴選食材、推廣食農教育外，也發展循環經濟、平衡生產與生態、友善環境，營造出自給自足的生態園區。

其中「黑水虻」的發現正是整個循環節點中有效減碳的明日之星，石教授以其昆蟲研究專業及熱忱，加上生態園區的優異條件，意外開啟了他與黑水虻的邂逅，並且義無反顧地投入研究，成為國內黑水虻研究的領航者，揭開黑水虻在循環經濟中扮演的角色：大自然的清道夫、優質蛋白質的替代物。

　　黑水虻所帶來的環境效益、商機利益都還處在發展階段，值得大家一同探索，或許有朝一日「食用昆蟲」不再只是提倡環保的手段，更可能成為改變人類未來的超級食物。

　　若有機會，我強烈建議一定要遠離塵囂到蜻蜓石走走，體會「三生」所帶來的感動。

福壽實業股份有限公司董事長 洪堯昆

蜻蜓石，生態永續幸福

　　光輝的十月天，正值新冠病毒逐漸解封的當下，我在搭高鐵往台北的路上，收到大學同梯好友石正人教授的訊息，喜悅中透露他即將發表新書的消息，他回顧過去求學、教書、研究並將他退休經營民宿、生態農場及探討黑水虻之經驗整理成本書。

　　很榮幸能在石教授新書尚未付梓之前，成為初稿的讀者。認識石教授最早可回溯到中興大學當學生的時代，因在校際盃橄欖球員比賽時，常被兇猛的石教授擒抱，對他壯碩的身材及精湛的球技印象深刻，後又因在植物保護界同行，不論學術研究或病蟲害防疫工作，常須就教請益石教授，特別是在動植物防疫檢疫局服務期間，為防治入侵紅火蟻，石教授更是我碰到問題的救星，超強的計畫執行能力及面對群眾質疑，圓熟的溝通協調，真是一等一的高手，令人十分佩服。

　　石教授 55 歲卸下台灣大學昆蟲系系主任職務後辦理退休，到宜蘭頭城的山上開墾農地正式成為有機農民，並在山上農場蓋房子經營民宿，取名蜻蜓石。我在石教授經營民宿初期曾獲邀與家人至蜻蜓石住宿一夜，對蜻蜓石的建築與裝潢及周遭環境極為讚賞，當次的旅宿餐飲經驗讓我體會休閒的奧秘，徹底忘卻工作的不快，留下美好的回憶。下山後，因籌辦大學同學會，便鼓吹同學們特別向同梯的石教授擇日包棟，預約在蜻蜓石開個二天一夜的同學會，讓同學們能盡情地在優美環境下享受老同學聚會的樂趣，從此也與蜻蜓石結下不解的情誼。

看到石教授出書，將他在人生中如何離苦得樂，找到幸福的心路歷程分享讀者，感覺這本書一定會大賣成為暢銷書。雖然書中主角的故事我大略已知曉，但由石教授流暢的文筆與略帶感性的語氣，穿插解說的有趣照片及簡明圖表，讓人不忍釋手，一口氣讀完整本200多頁的原稿。

全書的內容不僅是介紹蜻蜓石民宿如何起家？更像是石教授的傳記，除了介紹他如何斜槓從教授到農夫？經營有機農場及民宿，更重要的是石教授以他昆蟲的專業，點出未來人類應可以蟲為食愛地球。他以黑水虻為例，介紹黑水虻如何解決民宿餐廳的廚餘問題，並透過飼育黑水虻當雞隻飼料，讓雞活得健康，成長快速，再以黑水虻低碳永續供應鏈的循環經濟理念，結合現今大家關注的淨零碳排，溶入在他自給自足的蜻蜓石小宇宙，在在闡明經營蜻蜓石民宿，建立有機生態農場，實踐他的昆蟲人生，維護生態環境，追求永續幸福。

相信該書出版後又會引起一波黑水虻的熱潮，也會找回昆蟲人的熱情與尊嚴，蜻蜓石民宿已樹立口碑及名氣，但由石教授娓娓道來，果然不同凡響，請大家拭目以待該書的正式出刊，先睹為快！

行政院農業委員會
農業藥物毒物試驗所所長　張瑞璋

地表最強清道夫黑水虻，創零碳排循環

　　《蜻蜓石：擁抱生態農場的幸福民宿》可說是石正人名譽教授的自傳，也是老師體認「身而為人，生活才是重點」的醒悟後，提早退休到宜蘭開設「蜻蜓石」民宿的體現。

　　很難想像，受人尊敬的台大教授、擔任過系主任、得過教學傑出獎，並在「國家紅火蟻防治中心」擔任執行長而得到校內服務傑出的優秀老師，更是得過金鐘獎的石教授，把開設民宿當作是他退休後的生活依歸。

　　透過本書細數石老師的海派作風，他是一位做什麼都要做到極致的人，這點從蜻蜓石的擺設到服務，以及受到多方認可與推薦就可以看出。

　　蜻蜓石不僅在景觀上令人陶醉，有機蔬果及隨處可見翩翩飛舞的蝴蝶，以及透過黑水虻實現生態永續的幸福，這一切都回歸石老師在昆蟲學的專業，他讓黑水虻的應用，更科學、更有效率。

從本書不僅可瞭解石老師的生平，更可看到石老師實踐科學、敬畏自然，透過地表最強清道夫黑水虻，來達到淨零碳排的生態永續幸福。

　　住一晚「蜻蜓石」，感覺不枉此生，彷彿夢境一般的民宿，在此推薦大家本書和住宿，攜手體現永續幸福。

台灣大學昆蟲學系主任　許如君

台大教授深山蓋民宿，重拾昆蟲農夫夢

　　第一次因朋友介紹，到蜻蜓石午餐才認識石教授。他在蜻蜓石大廳前，先為遊客導覽介紹有機農場，包括蜻蜓石的 LOGO 意念、策畫、設計、興建歷程、黑水虻等。而後現場導覽，整個研習過程，石教授有如跟一般學生上課一樣（非台大研究生），深入淺出，配合圖片實物，老少咸宜，受益匪淺，午餐更是土產時蔬，美味健康令人難忘，我更邀請我的至親好友赴蜻蜓石聚餐。

　　經過多年交往，我對於石教授執著敬業的專一精神，甚感敬佩，他對黑水虻的研究，剛好和我從事環境工程、廢棄物回收處理、節能減碳工作，十分契合，從而我們互相討論，規劃黑水虻對於肉品工廠廢棄物處理工作，討論研究資料，修正研究路線，有更深一層之合作。

　　在夏天夜晚，坐在蜻蜓石泳池旁，天上星光燦爛，遠方蘭陽平原燈火璀璨，清風徐徐吹來，品嘗石夫人的佳餚配上美酒，何等享受，討論黑水虻之研究，頭腦清晰，十分有效。

石教授在台大 30 年，於 55 歲學識、思路、工作都有亮麗之成果下，毅然從台大退休，經營蜻蜓石民宿，拾回他的昆蟲農夫美夢，並為民眾提供悠閒、智識化之民宿，民宿經營有成，曾獲戴勝通董事長之推薦，在《董事長遊台灣》書中長篇介紹，更獲觀光局評鑑入選為好民宿之名單中。

　　由本書中，約略見到石教授一生奮鬥歷程，中興大學昆蟲系學生橄欖球隊隊長，台大碩士博士生表現優良、留校執教，此當中獲國科會補助前往德州、澳洲研究，受農委會指派為國家紅火蟻防治執行長。

　　綜觀石教授人生歷程，由教學研究，參與國家重大防蟻工作，理論、實務兼俱，最後雖然更換跑道，作服務昆蟲和遊客的農夫工作，石正人，人如其名，脾氣有如石頭般的硬（但不臭），為人處事公平公開公正，正人君子，這樣一個人，值得信賴交往與合作。

財團法人台灣綠色生產力基金會董事長
台灣大學名譽教授　

勇闖人生的昆蟲學者

我與石教授在台大同事二十餘年，彼此互動並不頻繁，只約略知道他在紅火蟻防治上用力很深，然後就突然聽到他退休了。去年生農學院共識營，我安排院內主管們走訪宜蘭蜻蜓石，受到石教授熱烈歡迎，並向我們做了精彩又令人印象深刻的簡報。

那次共識營，參與的人收穫頗豐，我也體會了石教授為何提早退休。他退休後開了農場、經營民宿……，最精彩的莫過於他的黑水虻研究經歷。一般在我們的研究路上，一些偶然發現，若能持續不懈探究，常會轉化成重大成果；石教授因為退休、經營民宿、開了農場，而有機會和黑水虻相遇，或許就是一個美麗的偶然。

從他的介紹中，大家對黑水虻有了更近一步的認識，沒想到一隻小小的昆蟲，竟然可以發揮那麼多的應用潛力。除了處理有機廢棄物外，長大的幼蟲還能作為飼料、萃取生質柴油，還能對資源循環及低碳淨零有貢獻。令我印象最深刻的是，蟲糞還是最好的有機肥料，可以誘導植物產生抗性，抵抗病害及蟲害。

台灣有機農業促進法已於 2018 年 5 月 30 日公布，然而推展速度一直緩慢，主要的原因還是在病蟲害防治困難。如果以黑水虻蟲糞作為有機肥料，還可以誘導植物抵抗病蟲害，對有機農業的推展應該很有加成的幫助。

長久以來，台灣都處在糧食自給率不足的隱憂，如何在環境永續發展下餵飽全體台灣人，一直是我們生農學院師生研究的重點與努力的目標。如果黑水虻可以作為飼料，我們就可能取代部分進口雜糧，進而提高糧食自給率。回來後，我即請農場潘敏雄場長研擬如何在農場生產導入黑水虻，作為師生研習及食農推廣教育的材料。

事隔一年多，當我們還在研擬中，石老師就要出書了。收到他的初稿，並要我寫推薦序。看完初稿，我覺得文筆流暢、內容豐富，尤其是他勇闖人生的精神，耕耘及實現著他人生的樂田，讓我既敬佩又羨慕，更值得作為很多人的參考，樂為之序。

台灣大學生物資源暨農學院院長　

期望黑水虻創造低碳循環經濟

我寫過幾本書，但都是寫昆蟲，這是第一次寫自己。

年中，幸福綠光出版社社長洪美華來民宿，我依例作簡報及導覽。沒多久，她又來了第二次，接著短短半年內，就來了六次，每次來都帶了重量級貴賓，專業人士不說，局長、部長、副院長、院長，層級一次比一次高，讓我受寵若驚。

有一次，她突然提議，來出一本書介紹黑水虻，我第一時間就拒絕了。我想，手上事情已經夠忙了，加上那隻禿筆早已幻化成鋤頭，一顆懶散的心已經覆水難收了。

沒想到她鍥而不捨，每來一次就提一次，最後她說：「你不是要推廣黑水虻嗎？靠你那張嘴要說到天荒地老啊！出書後，馬上大家就知道了。」就這樣打動了我。

為了黑水虻，我在牠身上花了十年的青春，搭雨棚作試驗，找太太和弟弟當研究生，忍受酸臭、騷擾⋯如果沒看到他揚眉吐氣，實在是心有不甘！

接下來，我見識到社長和出版社的神力女超人們。很快找來首席文膽孫沛芬，操盤手何喬、整形師黃信瑜，不眠不休，很快就把初稿完成。看完初稿，有種「回首向來蕭瑟路，也無風雨也無晴」的感覺。

　　要感謝的人很多，太太無盡的包容，家人打氣和鼓勵、同仁的互相補位⋯其他的就銘記在心。

　　最後，衷心感謝黑水虻，沒有你我的退休生活不會那麼波瀾壯闊。希望你能幫忙處理有機廢棄物，早日達到低碳淨零；希望你長大後能奉獻自己作為飼料，提高台灣糧食自給率；希望你的蟲蛻和蟲糞可當肥料，促進有機農業發展；若行有餘力，希望你還能擠出一些生質柴油，供應乾淨能源，從而提高韌性，打造一個經得起風吹雨打的台灣。

台大昆蟲學者
民宿主人　石正人

坐落山林天地之間
友善環境、生態多元、與蟲共舞的蜻蜓石

　　那是一個春日周末的午後，多年的好友及媒體前輩美華姊（幸福綠光出版社社長洪美華），來了訊息，問我有沒有興趣到頭城的「蜻蜓石」小旅行？我沒想太多，就答應了，後來才知道，這居然是一趟「寫書旅行」。

　　行前，我 Google 了一下蜻蜓石，這才知道，蜻蜓石很特別，不僅是提倡綠生活的民宿，更是崇尚自然的有機生態農場。主角是退休的昆蟲系教授石正人。後來才曉得，同場還有另一位更搶戲的主角——黑水虻。

　　其實在接到這個邀約時，諸事纏身，身心俱疲，確實很需要好好放鬆一下，我是抱著度假的心情去的，至於寫書，我打算先看了再說還不遲，但沒想到，一去，就入了坑。

　　在車上，美華姊跟我保證：「妳一定會喜歡那裡的！」相識多年，她瞭解我的個性，知道我常關注環境生態議題，也喜歡親近大自然。經過一段蜿蜒的山路，映入眼簾的，是棟帶著蜻蜓形體及靈氣的龐大建築，沒想到，山裡竟存

在如此有創意的世外桃源。

　　一見到石教授，那爽朗響亮的笑聲，讓初來乍到的我，倍感親切，他像是許久不見的老友般，迎接我們的到來。初到蜻蜓石，最打動我的，是那可以眺望無敵海景的泳池。光是坐在池畔，看著遠方的蘭陽平原、龜山島與太平洋，讓自己放空片刻，那原本被繁忙擠壓到喘不過氣的身心，頓時有種解放的感覺，是的，這地方是被忙碌綁架的都市人，最渴望的紓壓之地。

　　我好像開始可以理解，為何一個大學教授，要毅然決然提早退休，跑到這鳥不生蛋的山上來蓋民宿了。

　　來到這裡的第一餐，餐桌上那看似簡單的炒青菜，吃得到現摘的鮮甜，完全驚艷了我的味蕾，光是青菜，已能讓我多扒一碗飯，加上可口的菜脯蛋、炒米粉，不僅肚子被填飽了，原本疲累的身體，也因為天然好食材被療癒了。

　　這趟旅程，除了是放鬆，更是學習。午後，石正人教授的簡報，讓我學到很多，也深深佩服他的勇氣與毅力。參觀農場的路上，感覺到他是用感情在種蔬菜水果的，直接摘起，一口咬下，全是天然的芳美。他養的雞，在山間自在生活，還有黑水虻當大餐，這樣的雞跟蛋，不快樂都很難！

聽到教授和夫人張聖潔，夫妻同心，一起把荒山變成了仙境城堡，堅持著無化肥、無農藥的有機種植，不僅友善環境，也讓山上的生態變得更多元。當我漫步在草地上，被蝴蝶圍繞的那種幸福，是最難能可貴的天然奢華體驗。

石教授無意間發現黑水虻可以吃廚餘，開始為牠開設了山間研究室，開始認真探索這隻蟲，十年的歲月，除了農場與民宿的工作之外，他幾乎把心力都花在研究黑水虻，孜孜不倦的與蟲共舞，這才發現，黑水虻不簡單，不只能吃廚餘，還能當飼料養雞養魚等、搾油，蟲糞、蟲蛻還能當肥料，不僅能降低人類環境的污染，還能解決糧食及能源危機，甚至有助滋養土地，減少天然災害。而蜻蜓石也因為黑水虻，將生態、生產、生活這三生串連起來，自成一個生態圈。

聽著石教授滔滔不絕說著自己一路走來的心情，以及黑水虻的價值，我突然覺得，這書，非寫不可！

但心中同時思考著，自己對昆蟲領域完全不在行，對有機農業的涉獵也不夠深入，僅僅是多年的新聞與電視節目從業經驗，真的能寫好這本書嗎？剛開始，有點擔憂自己專業不足，但心中有個聲音告訴我，或許，正因為我並非

昆蟲生態專家，或許能從一般人的角度來看石教授的夢想歷程，能寫出更接地氣的內容也說不定。我不知道這是不是當初美華姊找我寫書的初衷，但我知道，若能好好完成這本書，不僅僅能呈現石教授的逐夢故事，更有可能改變人類的未來。

這數萬字的書寫過程，曾有疑惑，也曾卡關，一度差點難產，但最後都被一股傻勁和使命感給克服了，我相信，完成這本書的意義與價值，絕對遠遠超出你我的想像。

我也深信，這隻蟲──黑水虻，在石正人教授的努力下，一定能成為**翻轉地球命運的閃亮救星**。

採訪整理者

感謝媒體朋友熱烈報導蜻蜓石

東森新聞：宜蘭蜻蜓造型
民宿 住宿餐食房客驚艷

TVBS：一定要住過一次的
無邊際泳池民宿

八大電視：地表最強清道
夫，百億身價黑水虻

57 東森財經新聞：台大教
授變農夫，山間秘藏美味

旅遊 TV：壯闊的
太平洋景觀

媽呀好好玩：山間秘境，
一泊四食的百味料理

回聲電台：頭城秘境
蜻蜓石

中時新聞網：蜻蜓石 -
爽住頂級吃有機

JessLife：宜蘭頭城蜻蜓石
民宿，海饗無菜單料理

遠見雜誌：廚餘再生零
剩食，蜻蜓石民宿
成昆蟲樂園

ETtoday：台大教授深山蓋
民宿，外型是「一隻蜻蜓」

科聞哲：台大昆蟲系名譽
教授 - 石正人

MBAtalk 農探：民宿
與有機循環農業
的整合應用

Oscar Lee：黑水虻廚餘處
理機介紹

Time of China：昆蟲學
教授變廚師，探訪宜蘭
最美民宿之一

鏡周刊：頭城療癒民宿，
山頂上的一隻巨蜻蜓

微笑台灣：走進昆蟲教授
的理想家園，體驗無敵美
景田園生活

海爸的隨興紀錄：
宜蘭 - 頭城 - 蜻蜓石民宿

王俊元：宜蘭，蜻蜓石
民宿，95 分

陳小沁的吃喝玩樂：
時尚 + 超大泳池 + 獨攬
宜蘭海灣夜景

51 號 12 樓丁公館：驚豔！
宜蘭民宿蜻蜓石

漂貓的隨性旅行：蜻蜓石
民宿 - 捨不得離開的
好風景

觀林空間設計：蜻蜓
漫天飛舞，依山傍水—
宜蘭蜻蜓石

第一章
蜻蜓＋石＝
生態・永續・幸福

有股力量召喚著我要更融入山林，

蜻蜓石是我實踐生態、永續、幸福的築夢起點，

邀請萬物一起來圓夢……。

1 當蜻蜓遇到石：如蜻蜓展翅，舞動夢想

在頭城山區的仙公路上，乘載著我第二人生的夢想。我不知道這山裡是不是真有仙公，但總感覺有股力量召喚著我，要我更融入這片山林。

常在清晨時分，我會從民宿往山上走，二十分鐘的路程，有時跟農園裡的蔬菜、水果小聊兩句，經過雞舍跟黑水虻養殖區時，也會跟牠們道聲早安，再踏著輕快的步伐，繼續往山頂前進，只為等待日出的到來。

蜻蜓石生態民宿的大門為大家而敞開，更期許成為推廣環境生態教育的示範基地。

看著朝陽從山與海之間冉冉升起，感覺充滿希望的一天又開始了！我會跟山對話，聊聊最近遇到的事，問問心中的疑惑。山不語，但我的心卻可以慢慢地一層層理出頭緒，自己找出答案。

山頂可以眺望龜山島、烏石港，以及蜻蜓石民宿，蜻蜓形狀的房子就佇立在山頭，彷彿蓄勢待發，欲乘風而去。

為什麼是蜻蜓？我在山上剛開闢一小方農地時，蜻蜓是最佳的夥伴，在這依山傍海的山巔，牠不僅自在飛翔於山林間，也能快樂的輕舞點水，看似輕巧地滑過，卻點出了我一生的願景。

於是，我蓋了一間蜻蜓點水的房子，加上我姓石，蜻蜓石之名，就此誕生。

2 換個角度看世界：打破人類自我中心意識

從求學時期，一直到台大昆蟲系教授，甚至兼任紅火蟻防治中心執行長時，無論是農作物還是環境衛生的蟲害防治，我所做的，幾乎都是以人類觀點出發，似乎都是為了「人」所希望的生活，撲殺有威脅的昆蟲。

當我從教授變成了農夫，開始從自然生態的觀點看世界，這才發現，以往所認為的「害蟲」，其實不過是人們自私的想要維護自身利益所扣上的帽子。

昆蟲何其無辜？牠們不過想圖個生存，只是因為意外闖進了人類的生存環境，就變成了被強力撲殺的對象。但我相信，昆蟲的本意，絕非想傷害人類。

當人們以自我中心的方式對待萬物，卻忘記了「先來後到」這件事。

經營民宿前，我去北海道旅行，看到民宿前面貼了「熊出沒注意」告示貼紙，我問民宿老闆：「真的有熊嗎？」他說：「有啊！所以才叫你要注意！」

生機盎然的蜻蜓石民宿園區是我實踐生態、永續、幸福的夢想之地。

從山頂可以眺望龜山島、烏石港，以及蜻蜓石民宿，蜻蜓形狀的房屋，一覽無遺。

蜻蜓石：擁抱生態農場的幸福民宿　　39

我又問：「那你為什麼不把熊殺掉比較安全？萬一客人被攻擊甚至危及性命怎麼辦？」他思考了許久才回答：「可是熊比我更早來到北海道，怎麼辦？」

面對他的反問，我頓時語塞，心中既感動又慚愧！畢竟一隻在地球存在數百萬年的動物，不該因為才來開墾數百年的人類居民而受到威脅。

這位北海道民宿主人，對於先來後到及眾生平等的觀念，可說根深蒂固，甚至變成文化的一部分，這讓我感觸很深。

同樣的，自然環境本來就是昆蟲生存的地方，甚至牠們的祖先還比人類更早幾億年前出現，不該因為人的私心而被犧牲。

與萬物共享幸福

來到山上，一直想做的是，人要活得自在，原本住在這裡的生物更要活得開心，我這個後到的人類，不能為了開發而毀掉牠們的世界。於是，我採用天然耕作法，生態非但沒有被破壞，反而變好了！

在草地旁的樹叢間，蝴蝶滿天飛舞。因為有機蔬菜不噴農藥，毛毛蟲可以安心吃到飽，長大羽化成蝶，自在飛翔，也讓人們賞心悅目。

每年 4 月中到 5 月，螢火蟲也像閃著無數星星般，讓地上的夜空繽紛起來，因牠以蝸牛為食，而我種的有機蔬菜上爬滿蝸牛，讓螢火蟲寶寶得以大快朵頤，更使得螢火蟲媽媽願意來這裡產卵，孵化的幼蟲有足夠的蝸牛或其他節肢動物當食物，放心地繁衍下一代。

很多昆蟲喜歡來蜻蜓石農場定居，因為沒農藥，很安全。蟲多了以後，吃昆蟲的動物就來了，像食蟹獴、穿山甲等；還有各種鳥類，像是藍鵲、白鷺鷥等等。

農場的動物越來越豐富，人與動植物，各自安好的生存著，讓生態得以永續，彼此共享幸福。

因為北海道的旅行見聞，我在民宿做了「蟲出沒注意」的貼紙，一方面告訴大家，蟲並不可怕，要大家注意，是希望來到這裡的人們，能好好認識牠們。

藉由貼紙，時時刻刻提醒自己，也提醒客人，人與昆蟲萬物，彼此尊重生存空間，才能讓生態更美好，甚至能翻轉地球環境日漸崩壞的命運，這也是生物多樣性真正的意涵。

以下我繼續說說，為什麼我會在蜻蜓石開闢了生態豐富的農場，建造了蜻蜓莊園。還認識了一隻有趣又有用的蟲——黑水虻，並且與蟲共生，在這裡自成一個生態圈，期盼讓生態・永續・幸福的夢想，在此生生不息。

到日本北海道民宿取經，注重生態的民宿主人張貼了「熊出沒注意」；蜻蜓石民宿也張貼了我們自己設計的「蟲出沒注意」。

左：每年到 4、5 月的螢火蟲季節，蜻蜓石民宿外，宛如蟲蟲演唱會。

右：在蜻蜓石民宿裡，蝸牛、蜻蜓、黑水虻、雞鴨等動植物，才是我們民宿的要角。

遠眺依山而建的蜻蜓石，在大自然包圍之下是如此渺小，但又如此顯眼，
原來我們也是萬物的一環。

蜻蜓城堡的三生夢

很多人說,蜻蜓石就像是山間遺世獨立的蜻蜓城堡,而這座我和妻子一手打造的城堡,有著「三生」夢想。

這裡的「三生」,指的不是三生三世,而是維護農業「生產」、兼顧「生態」保育,進而達到改善「生活」的理想。

在「生產」上,依循自然法則,依照四季耕作。比方說,適合春季播種的蔬菜有茄子、黃瓜、空心菜、絲瓜、冬瓜、苦瓜、南瓜…等,也會依各種蔬菜的特性,決定種在向陽的區域或是日曬較少的地方,像是韭菜就不適合過度日曬。如此依照植物特性種植,再加上無毒有機的環境,昆蟲就會陸續來造訪,儘管難免會吃掉一些蔬果,但也能幫忙授粉,讓農產可以生生不息。

在「生態」上,我尊重並盡可能維繫山上「原住民」的生存空間,不僅是指人,還有昆蟲、動植物。開闢農場,難免影響原始生態環境,所以,我堅持力行有機農業,不用化學肥料、

農藥及除草劑,為了維持農作物的生長及產量,辛苦一點,以人工除草,用黑水虻的蟲糞和蟲蛻等來做天然堆肥,不僅維護土地的生態永續,也能讓動植物與昆蟲快樂生長,讓農場成為真正的「樂土」,這樣長出來的蔬菜水果,不僅天然美味,也能無毒養生。

在「生活」上,我打造的蜻蜓石農場跟民宿,是以自己理想中與大自然共生的空間為基準,首先就改善了我的生活品質,儘管忙碌,每天能呼吸到新鮮空氣,吃著自己種的有機蔬果,還能徜徉在山林懷抱中,生活當然愜意自在。從前在城市中奔忙疲累的身心也被深深療癒。蜻蜓石,從最初的山間避風港,到移居建屋的港灣,最後成了安身立命的終身基地,很感謝自己和妻子,能打造出如此乘載著三生夢想的堡壘。

第二章
不一樣的人生
I have a dream

不當教授拿起鋤頭當起另類農夫，
同時更是「視蟲如命」的民宿主人，
幻想邀請億萬隻黑水虻大軍救地球。

1 教授斜槓當農夫：千禧年那堂改變命運的課

我印象很深刻，應該說，一輩子都忘不了吧！

那時我在台大開了一堂植物醫生的課，主要內容是談病蟲害的防治，當時頭城農會推廣股股長林清井來聽課，下課時與我閒聊，我在言談中，不經意地透露，在台北生活壓力很大，常常覺得很悶，喘不過氣來，需要好好紓壓一下。

他聽了之後對我說：「老師！你去住我們那邊啊！」我不假思索地回覆：「好啊！你幫我問問看，如果有塊適合的小山坡地，我就買來種田！」

聊完之後，也沒放在心上，沒想到，不到兩個禮拜，那位股長真的打了電話給我，他說：「有塊山上的土地要賣，真的！要不要來看看？」當時我幾乎沒有考慮太多，就奔到了頭城！

一到山上，看到那綠意盎然、視野寬闊的景緻，有山有海，頓時感覺身心舒暢，心曠神怡。台北那些高壓煩悶的俗事，彷彿被山林洗滌了般，讓我重拾清淨身心。

當時身上帶了兩萬塊，也沒有細問土地的價錢，就請股長幫我下訂，不久之後，進行了過戶程序，我就成了山野一方的地主。

2000 年那時，雪隧還不知道會不會通，沒什麼人會到頭城買山上的土地，我應該算是勇氣可嘉吧！或許是心中對大自然的嚮往，增強了我駐足山間的意念。

拿起鋤頭，跟農夫學種菜

在千禧年，這個別具意義的年份，我為自己做了這個生命中的重大的決定，於是身為大學教授的我，有了另一個身分：假日農夫。

被山間美景迷惑的我，逐漸發現，買了地才是挑戰的開始。面對這片 5 公頃的荒山，剛開始實在不知該如何著手，要開墾真的是一大難題，我拿出過往勤奮苦學的精神，土法煉鋼，徒手開闢出一小方天地。

由於沒有太大的野心，也並無打算一口氣就整好所有的地，每到假日，就一個人拿著鋤頭、鐮刀，辛勤揮汗，砍樹、割草，慢慢整理出幾塊小菜圃出來，在能力允許的範圍內耕作，初期的菜園，大概只有 5、60 坪大小而已，卻也夠我忙的了！

我其實是來到這裡，才開始跟附近的農夫學種菜，放下教授身分，把自己當成學生，虛心求教。

後來才發現，當農夫的眉角很多，要能觀星望斗，順應節氣，沒有想像中容易。即便身為教授，只有在教學舞台上還能發揮光芒，不在講台上，就真的一文不值。

在山上，我像個失去戰場的將軍，跟老農夫從零開始學起，也開始學會更多的謙卑。

當時固定每週六都會到山上報到，後來有了貨櫃屋可以過夜，週五晚上就迫不及待地來到這片天地，只為了身心靈的放鬆與轉換。

只到山裡，就心滿意足

每次來山上，就如同小朋友參加遠足般的心情，週五要來，週四晚上就已經開始雀躍了起來，好像明天要去郊遊一樣，高興得不得了。

在山上種菜、放空，在貨櫃屋住了兩天後，周日要回去時，會覺得依依不捨，內心常常拉扯著，好像一隻牛要被掛上耕田的犁，百般不情願，實在很不想回到台北啊！

僅僅一個多小時的車程，對我來說，卻是天壤之別，只要離開台北，來到山中，環境一變，就能心隨境轉，也才能真正暫時拋下那些平日沉重的負擔。

如果待在台北，即便是週末，也得不到真正的休息，常常是待在家裡，心還在想著工作，就連睡覺時，都會夢到工作上的事，那是一種 24 小時如影隨形的壓力。

退下教授身分，拿起鋤頭翻土種菜，成了每天的生活日常，
讓我感到非常愜意。

常常突然想到什麼，電腦一開，忍不住就又開始工作了起來，就算沒有真正形式上的「工作」，只是坐在沙發上看電視、甚至是吃飯、洗澡，腦袋裡都會不由自主地冒出工作上的事，真的是一刻也不得閒！

在台北，每天案牘勞形、忙碌生活的我，在山上得到了救贖。

不過，很多人不能理解，附近有些老人家，也覺得我這個台北人怪怪的，跑到山裡累得跟狗一樣，到底為哪樁？甚至還有朋友跟我說，別人假日是打高爾夫球去放鬆，你到山上種菜，拿著鋤頭，滿身大汗，不是更累嗎？

其實，外人不理解，我拿鋤頭也是一種運動跟放鬆啊！跟拿高爾夫球桿是一樣的意思，況且我還有產值，種了菜還可以送給鄰居、親戚朋友，這讓我很有成就感！

週末在山上的日子，跟近幾年流行的露營很像，只是更單純、簡單一些，就是種菜、吃飯、睡覺，僅僅如此，已能讓我身心愉悅。

不需豪華設備，不用精緻美食，貨櫃屋裡一張床加上簡易廁所，就能自在安眠，一覺到天明。三餐常是山下買些麵包，或是簡單煮個麵，摘一摘菜園裡新鮮的菜，加進鍋子，就是心滿意足的一餐。

大自然的召喚，回到山裡吧！

這種生活其實很很誘人，彷彿有一種吸引力，像是山神的呼喚一般，時間到了，他會 call 你：「來喔！回來喔！」當每個禮拜不斷重複，變成固定儀式的時候，接近週末，就能感受到大自然召喚的力量。

每次來到山上，都像是朝聖之旅，如果不能來，就會有失落感。當某個禮拜有事需處理或要出差，沒辦法上山，就感覺少了儀式感，像是要喝一杯咖啡才能夠開始工作的心情，突然咖啡時間被剝奪了，會覺得心中頓時空了一塊，儘管還是工作著，心卻總是卡卡的，整個禮拜都感覺哪裡不對勁。

我與山早已不可分離，主要原因是，來到山裡面，彷彿生活上的困境，都能因轉念而舒緩。我想是環境改變，抽離原本生活的場域，跟台北的種種瓜葛，才有辦法切割。

另一個原因，人本來就是一種生物，一定要回歸到大自然去，就像籠中鳥被放出去時會開心自在一樣，一個好的生態環境，才有辦法讓人得到充分的休息，重新獲得能量再出發！

每週上山當假日農夫的日子，能跟植物對話，跟山海心靈交流，和萬物生息與共，那才是過生活啊。

2 不當教授，開民宿！

開民宿，原本不在我的計畫之內，不過後來因為山上的地主和一些老農夫，聽說有個台北人來買地，就紛紛來找說：「我還有一塊地，你還要不要？賣給你啦！」

就這樣，每個人賣我一小塊，我就從原本的五公頃，陸陸續續變成十幾公頃，但憑我一己之力，無法全用來種菜，該怎麼利用？是一大問題。

一趟澳洲行，讓我起心動念

那時的我剛好遇上了一個人生轉折點。2004 年，紅火蟻大舉入侵台灣，政府希望儘快撲滅，我當時被任命為國家紅火蟻防治中心的執行長，為了更了解各國防治紅火蟻的方法，2006 年，國科會外派我到澳洲半年，去觀察並了解他們紅火蟻的防治情況。

當時在澳洲的紅火蟻中心工作，就住在布里斯本郊區的民宿。每天上下班，單程開車大約就需要將近 50 分鐘，卻讓我感到怡然自得。民宿老闆每天生活步調悠哉自在，還

養了三匹馬，常常三天兩頭邀我去騎馬，日子過得實在是太舒服了，跟台北緊湊繁忙的生活相比，真的如同兩個世界。

對比台北的生活，真的一言難盡！當時因為住得離學校近，鬧鐘設7點，7點半就要趕到學校，8點要開會、上課，既繁忙又緊繃，上班、上課、開會、做研究，每天就像螞蟻一樣，爬去學校忙忙忙，一直到晚上10點，才能爬回家。常常還因為事情做不完，每週大概有一、兩天是在實驗室過夜，生活就是兩點一線，在家與學校間奔波，壓力如山大。

在澳洲時我就常想，人家這樣子過活，很棒啊！而且國家整體表現也很優異，澳洲諾貝爾獎、奧運金牌沒有比我們少，甚至還超越台灣，可是生活卻可以很悠閒。我不禁想，或許，我的人生也能有另一種選擇。

於是一從澳洲回來，我就跟太太說：「我想要開民宿！」她聽到的第一個反應是不置可否、覺得我異想天開，但最後還是支持我，很平靜地對我說：「想做就去做吧！」於是，從2006年底回到台灣，就很認真地準備開民宿的事。

想蓋民宿的念頭，越來越強烈

不過，當時我還在國家紅火蟻防治中心任職（同時還在台大任教），因政府宣示要撲滅紅火蟻的決心，身為執行長的我，要統籌指揮防治工作，所有落實狀況、成效評估、經費的使用與報銷，還有成果報告，如排山倒海般的壓力，讓我一直處在非常緊繃的狀況。

還好，從澳洲回台，我又再度回到每週上山當假日農夫的日子，每次一來，就開始跟植物對話，跟山海心靈交流，與環境共生息。

我常常會跟菜說：「你要好好長大喔！」甚至也會問山：「我移居來這裡好不好？」有時也感覺自己在跟山神對話，會問祂：「我搬來這裡跟祢做朋友好不好？」

其實，不需任何回覆，問完了，自己早就知道答案了！我心裡很清楚，這座山，將是我的家，也會是許多過客暫時的家，想蓋民宿的念頭，越來越強烈。

為了民宿夢，我開始積極起來，全台趴趴走，到處參觀民宿，尋找各種 idea。

教授 vs. 農夫，大不同

當教授跟當農夫，真的是隔行如隔山，面臨的考驗也很不一樣。當教授幾乎都活在自己的領域裡面，學生年年在更新，每年進來的新生都是懵懂的學生，老師總是能一直都保持在一定的高度。

可是當農夫時，沒有照顧好植物，就枯萎了，會有很大的挫折，常常一個不留心，或是沒拿捏好種植方法，就容易被打回原點。不過，還是有好處的，當農夫最大的回饋就是，當你好好照顧植物，它會回報你的，就像園藝治療，我相信確實有其根據。

當你看著一棵生命，從播種或種苗開始，用心去付出、關心它，澆水、施肥、除草，看著它一點一點的長大，到最後可以收成，那種成就感，真的可以治癒人生的很多挫敗。

老師就不一樣了！你好好照顧、對待學生，可是學生的變數太多了，人跟植物不一樣，不會因為你給他澆水、養分，他就真的會如預期般長大。

有時候對學生太好，反而不是好事，他會失去了自己去突破困境或珍惜的能力。學生的成長過程會遭遇不同的挫折，人的發展也難以預測，一分耕耘一分收獲的想法，用在教學，未必適用，但是用在種菜，卻是屢試不爽。

我與山早已不可分離，主要原因是，來到山裡面，彷彿生活上的困境，都能因轉念而舒緩。

花光積蓄，不留後路

　　2007 年，整整一年以上的時間，都在各地看民宿。2008 年中，才開始確定蓋民宿的細節，年底找了建築師，開始繪圖，著手興建，三年後民宿正式完工！

　　主建築蓋在兩條溪流域的山頂上，看似遺世獨立，實際則是天地人的連結。其中建築是蜻蜓的造型，呼應著原本在這裡自在飛翔的蜻蜓，民宿取名為「蜻蜓石」；當中的「石」就是我的姓，也代表著我要跟這隻蜻蜓，一起在這裡共生息。

　　剛開始，設計師一聽到蜻蜓造型的房子，完全摸不著頭緒，一直到我萬能的妻子張聖潔，在毫無專業基礎、自學摸索的情況下，用保麗龍做出了我們理想中的蜻蜓屋模型，才終於為整體藍圖打下了基礎。

　　但民宿建造的過程，並非一帆風順。一來，山上要蓋房子，需做很多水土保持的工作，經過層層關卡的申請、核准，是條很漫長的路。常常是邊蓋邊整地，到現在，房子都蓋好，開始營運了，周邊還在陸續整地，感覺永遠都做不完。

更困難的是，那幾年天災不斷，工程也一再延宕。尤其是宜蘭，颱風特別強，常常一登陸就是直撲而來，只要颱風過境，原本整好的地，漂漂亮亮的，瞬間就被沖垮，眼看心血付諸流水，無奈之下，只能打掉重練。因為颱風，嚴重影響到興建的進度，按理說應該一、兩年可以蓋好的民宿，前前後後總共花了三年才完工。

2011 年，民宿正式開張，我在 2012 年申請退休，這一切都在人生計劃中！一方面，覺得自己在台北過得很不快樂，迫切想要人生的另一個選擇，當時政府剛好有一個退休的優惠方案，稱為「五五專案」，就是年滿 55 歲，服務滿 25 年，可以申請優退。為了夢想中的第二人生，我毅然決然提早退休，不給自己留後路。

當所有的積蓄花光了，就只能咬著牙堅持下去，破釜沉舟，沒有回頭的餘地，只能一直往前走，或許沒有退路，也是一種讓我堅持前進的力量吧！

家人是我永遠的後盾

剛開始，父親很反對我辭去教授來開民宿、當農夫。其實我可以充分理解。父親一來擔心我的前途，二來在鄉下，他本來是台大教授的爸爸，是很值得驕傲的事，讓他很有面子。

憂心忡忡的父母親。

弟弟也來幫忙做黑水虻試驗。　　　　　　太太一肩扛起民宿經營大事。

從反對到接受、支持

當我突然失去了那個光環，從學校退休以後，就是一個農夫，他從教授的爸爸變成農夫的爸爸，在鄉下來講，觀感是天差地遠的。當人家問他兒子在做什麼時，一聽到大學教授，總會被另眼看待，但聽到是當農夫種田，難免會覺得：那不是比我還糟？

所以，我父親很不能諒解我的決定，但是看到我們的決心，最後也默許了。

媽媽雖然也不支持，但是她總是疼惜，捨不得我這麼辛苦種田，每次她來，看到我全身髒兮兮、忙東忙西、片刻不得閒、為錢腦筋的樣子，就會問我：「你是還缺多少錢啊？」然後用她的私房錢資助我，幫我度過難關。

兄弟基本上都是在感情上的支持，人手不夠的時候，弟弟也會來幫忙，尤其像過年，生意最好的時候，像是除夕、大年初一、初二，幾乎全家出動，孩子們也會來幫忙，讓我們感覺不孤單。

發現黑水虻後，我有時會想，如果父親發現我不只當農夫，還去收廚餘養蟲，大概會崩潰吧！但這隻蟲——黑水虻，很可能讓我名留青史，可能比當大學教授還要酷！

最感恩賢內助神隊友

在「蜻蜓石」裡面，至今還留存著建築模型，這是太太親手做的，最難能可貴的是，她是位護理師，並非建築科班出身。當她知道我決心要做民宿，就跟著我一頭栽進來，說實話，在山上如果沒有夫妻同心，房子根本蓋不起來，從 2008 年到 2011 年的建造過程，我還在台大教書，監工都是太太在打理，完全沒有工程背景的她，為了幫我圓這個夢想全心投入，不懂的就去學。

為了做這個模型，她開始對整個地形充分了解，先畫等高線圖，然後才做模型。另外，針對建築本身的結構，她也認真學習，又做了一個建物模型，真的很了不起！

甚至，還為了民宿營運，還去考丙級廚師證照，為了游泳池，還考了救生員執照，真的讓我很感動！也讓我深刻感受到女性對生命的韌性，讓她具有克服難關的勇氣和毅力，這點真的令我深感佩服！

3 民宿蓋好了，客人呢？

「蜻蜓石」民宿蓋好了，其實沒有高興太久，光是建造、裝潢，已經把退休金跟貸款幾乎花光了，等到正式開張，人海茫茫，要去找哪裡找客人呢？

剛開始，根本沒有客人，心都涼了一大半！原本以為蓋好民宿已經很了不起了，沒想到蓋好後怎麼賣出房間，才是更大的難題！

那時的構想，主要還是為滿足自己的需求來設計，是為了給來到這裡感受退休生活或紓壓放鬆的人們而做的。

房間裡的設備、規劃、格局，都是以自己要住的標準去做，以最理想的方式去打理民宿，包括床、窗戶、浴室，都很大，希望能紓解平日關在都市牢籠的鬱悶。

哪知道這樣大器的設計初衷，光是掃一個房間就要花兩個小時。

比方說，窗戶看起來又大又漂亮，窗外風景一覽無遺，可是裡裡外外都擦一遍之後，真的累到要翻過去！

蜻蜓石民宿的大採光、大格局設計，就是要提供
可看山看海的大自然饗宴，讓旅客擁有賓至如歸
般的放鬆享受。

蜻蜓石：擁抱生態農場的幸福民宿　　67

食宿兩大挑戰，價格更是營運難題

從維護成本、造價成本一路算下來，剛開始訂價，一個房間如果沒有收到 6,000 元，根本沒有辦法收支平衡，更遑論回本了！

當房價在網路上公布之後，真的沒有人會來！畢竟在山下的民宿或旅館，很多一、兩千元出頭的，這裡一晚的房價，可以住山下兩、三晚。站在客人立場，當然要精打細算、處處比價，這對我們造成很大的衝擊。

由於營運初期幾乎沒有銷售的門路，也沒有對外行銷的管道，只有自己架的網站，如果消費者沒有來瀏覽網頁，更不會曉得「蜻蜓石」，也不會知道我們的用心。

另外，還有吃的問題。民宿位在這麼偏僻的山上，沒有便利商店、餐廳，總不能叫客人下山去吃晚餐或購買食物再上來，因此我們規劃了一泊四食，包括下午茶、晚餐、宵夜跟第二天早餐，這使得營運成本，越墊越高，要聘廚師、準備食材，還有耗損；也造成收費的節節上升。

這等於開個民宿、又要做農場，還要開餐廳，搞得自己跟太太都人仰馬翻。於是太太乾脆去學烹飪、考執照，有了中餐丙級執照資格，才能供餐，當時一個房間開價 7,000元，真是門可羅雀。

天助自助，幸好戴勝通貴人相助

回想起來，真的要感恩上天及貴人相助。當時宜蘭有一家供應民宿日用品（牙刷、被單、床罩）的業者，我是他的客戶，因他跟戴勝通董事長熟識，有一次就約了大家來談，也參觀了民宿。當時，戴勝通先生有個《董事長遊台灣》的旅行企劃，救了我們。

戴勝通來了以後，在他的《人生以玩樂為目的！戴勝通的幸福民宿地圖》書中介紹蜻蜓石民宿，另外也在《董事長遊台灣》的系列套書上有專篇介紹，對我們的幫助很大，可以說戴勝通真的是我們的貴人！

從那時候開始，「蜻蜓石」逐漸打開了知名度，開始有媒體採訪，戴先生甚至還很積極的幫忙增加曝光度，還帶內人去上電視，讓更多人認識了「蜻蜓石」。

我們也積極參加觀光局的好客民宿評鑑，很幸運被列入名單中，在政府觀光資源的推動下，民宿行銷才逐漸上軌道。

事實上，我是退而不休，在蜻蜓石為遊客解說民宿自給自足的生態，算是
為環境教育盡一份心力。

民宿主人真的不好當

那個時候，常常處在一個矛盾焦慮的狀態，沒有客人來會怕，怕無法繳交貸款、血本無歸；看到客人來也會怕，當接到客人訂單，想到一泊四食，就頭皮發麻！

每當客人要來了，真的會緊張到前一晚睡不著，不知道客人喜歡吃什麼、我們準備是否周到……，就好比朋友要到家裡作客，住一晚、吃四頓，大概一個禮拜前就開始焦慮了，這種心情是大同小異的。

令我心疼的是，太太一個人要負責安排菜色、做菜，還要處理房務等民宿的大小事，真的是忙翻了！當時我覺得很奇怪，在澳洲看人家開民宿，過的日子那麼舒服悠哉，怎麼換我們自己開民宿，卻搞得人仰馬翻？

還好最後有撐過去，我也很慶幸自己 55 歲就退休，還有體力、鬥志去面對及克服一次次的難關。光是一次颱風，事後整理環境跟復原大概就需要一個禮拜，一年來個兩三次，實在讓人難以招架！

營運第三年之後，靠口碑、網路、電視、報紙等報導，客人慢慢多了起來，我也開始聘請員工，夫妻倆才稍稍有了喘息的空間。

如家人般的蜻蜓石成員

在蜻蜓石，老闆和員工都是一起吃飯、工作的，常常大家就聚在廚房後面用餐、閒話家常，沒有壁壘分明的界線和距離，就像家人一樣自在。

在新冠疫情期間，很多旅宿業都受到重大衝擊，甚至歇業。蜻蜓石沒有完全中斷，主因除了有熟客外，還有一直支持著我們的好員工，因此，儘管收入銳減，我依然設法保障員工的工作，沒有裁減任何一人。

這些員工幾乎都是二度就業，歲數最長的，已經年過八十。主要是因為蜻蜓石位在深山偏遠地區，很多年輕人不願意來，於是我們給在地中老年人工作機會，讓他們能就近來上班，所以，他們也很珍惜這個工作。

有位老員工跟我說過一段話，讓我深受感動。他說，早上要出門時，隔壁鄰居問：「你要去哪裡？」員工答：「去上班！」鄰居又說：「怎麼那麼好？這個年紀還可以去上班？」員工轉述時，覺得自己很光榮，能在鄰居面前抬頭挺胸，很有面子，我們聽了也很開心。

還有一個員工講的小故事更有趣。有一天，他穿著上面繡有蜻蜓石字樣的制服去看病，醫生問：「你怎麼穿著蜻蜓石的衣服？」員工回答：「我在那邊上班啊！」結果那位醫生對他的態度格外地好，邊看病還邊打聽山上的情況。

　　員工的回饋，讓我深深覺得，雖然是做民宿，也提供了在地就業機會，但我們其實是跟這些員工們一起成長的，而老員工一直都是在地核心。那位八十五歲資深的員工，不僅身手矯捷，還教會我們很多事。當初聘用他，也是個偶然。

　　蜻蜓石剛開幕時，需要人手，我請在地人幫忙找人，輾轉找到這位長輩，當時並沒有因為他年紀大而不用，反而試著找他的優點，讓他能發揮所長。果然，後來發現他有足夠的人生經驗值，會做的比我多得多，不需要特別叫他做什麼，他自己會找到該做的事，立馬去幫忙。比方說，農場裡面什麼時候該除草，他都能規劃好時程，或是屋頂壞了該怎麼修，他也能提出具有建設性的意見，不需要我擔心，真的很棒！

　　真心覺得，招募員工不設限，是正確的決定，感謝這些有緣的家人，共同成就蜻蜓石。

蜻蜓石的綠建築巧思

蜻蜓石利用煙囪效應，達到最佳的通風效果。其中的斜屋頂，讓日曬熱度，不會那麼直接進到建築內部；大片窗戶外推，可以讓更多的風進到室內流通，即便不開冷氣，也能涼爽（當然，我們還是有裝冷氣）。

座北朝南的方位，面對著太平洋，夏天吹西南風，自然沁涼，冬天雖然吹東北風，但因為四周有更高的山擋住，不太會直吹到屋子，當然就不會冷到受不了。

水，是蜻蜓石的靈魂，因為蜻蜓本來就是水生昆蟲，離不開水，因此象徵著蜻蜓點水，也有遇水則發的寓意。

從大門一進來，小水池帶來清涼，也意味著風生水起的好兆頭。穿過餐廳，另一端的門直通泳池，象徵蜻蜓嬉戲的水池，也是人們自在悠游的場域。一樓的房間，走出來就是泳池，對愛游泳的人來說，如魚得水。

二樓房間有樓中樓，樓頂的露臺，設有馬桶、浴缸，喜歡大自然的人，不需要揹著沉重的帳篷等裝備，就能享受被天地懷抱的感覺。

在這裡可以徹底的解放，在天光中沐浴，晚上還能邊泡澡邊看星星，是都市裡享受不到的天然幸福時光。

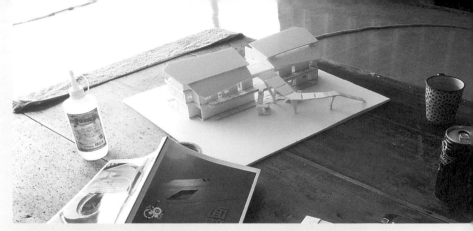

我妻子並非建築科班,她自學摸索針對地形和建築結構,親手做出蜻蜓石建物模型,從建築構思時就考慮到通風和降低日曬,想方設法讓房子自然涼爽。

面對著太平洋,夏天吹西南風,自然沁涼,冬天雖然吹東北風,但因為四周有更高的山擋住,不太會直吹到屋子,當然就不會冷到受不了。

4 一頭栽進循環經濟的夢想國度

　　第一次看到黑水虻，還不知道牠是誰，只曉得是蛆，別人看到應該是驚聲尖叫或是嫌惡逃跑，但我卻異常興奮，當一打開廚餘桶的瞬間，看到牠們幾乎把半桶的廚餘都吃掉了，真的是既開心又震撼！

　　因為當年山上沒有清潔隊來收，處理廚餘全靠自己來，是很辛苦的勞力活。

　　每當週末的客人離開了以後，周一就是可怕的挖洞日，至少得花一個小時，用圓鍬去挖一個既大又深的洞來埋廚餘。每次一想到挖洞，就覺得人生是個黑洞，總是要奮力地挖，比跑操場還要累，不僅費力，還要跟廚餘可怕的味道奮戰，真的是夢魘！

　　所以當我看到蛆把廚餘吃掉了，立馬想到，如果牠可以幫我吃廚餘，那麼我以後就不用挖洞了，這是多麼棒的事啊！

與黑水虻相遇，是上天最美好的安排

跟黑水虻相遇，應該是上天最美好的安排之一。

2012 年，才剛退休不久，我就見到這神奇的傢伙！這位吃掉廚餘的大功臣，讓我燃起了想要認識跟了解牠的動力。即便身為昆蟲系的教授，因為不是這個領域的專家，也無法一眼就能辨認出牠的真實身分。

我開始運用 Google 這位萬能又好用的老師，先從「蛆」和「廚餘」做為關鍵字開始查起；當牠變為成蟲，我就拿著牠的外形，開始一一比對蠅類圖鑑，運用以往昆蟲學的研究方法及經驗，不斷比對，看到很像的，就點進去看，前前後後大約花了一兩個禮拜，才確定牠是黑水虻（black soldier fly, *Hermetia illucens*）。

我想，這一切都是環環相扣的機緣，如果不買地、不開民宿、沒有廚餘，我這輩子大概不會碰到黑水虻。如果還在學校工作，就算看到，大概也沒有空理牠，感覺我與黑水虻的奇妙緣分，都是註定的，讓我退休之後，還有機會投入研究工作，深入剖析黑水虻的學術與應用價值。

退休了之後，學校頒給我名譽教授，就是希望我退而不休，繼續做教學、研究跟服務的工作。所以，我現在也還延續著這樣的精神。

來到蜻蜓石的客人，我會為他們上課，進行導覽，介紹農場及生態。每年暑假還會開設昆蟲營，讓親子一起來這裡學習並認識大自然的動植物，別的民宿可能不太會做這些事，但我希望能運用自己的專長，讓大家知道，其實，昆蟲並沒有想像中那麼恐怖，並將正確觀念推廣出去。

每年暑假蜻蜓石會開設昆蟲營，邀請親子一起來這裡學習並認識大自然的動植物，以及我鍾愛的黑水虻。

最天然、最有效率的廚餘處理機

以黑水虻來說，不僅重啟我的研究興趣與熱情，也認識了很多各個領域的人，幫助我將黑水虻的生態跟人類生活鏈結起來，讓這隻蟲有機會成為改造當今環境的尖兵。

面對黑水虻這位新朋友，因為台灣初期較少這方面研究，也找不到相關文獻，於是我開始尋找國外的研究及應用情況，才發現世界各國研究黑水虻的報告，多到讓我眼花撩亂。

像荷蘭、英國、加拿大的飼養及使用經驗，才發現牠除了是最天然、最有效率的廚餘和有機廢棄物處理機，長大後的黑水虻還可做為動物的飼料，如養雞、養魚，甚至蟲蛻、蟲糞也可以做有機肥料，成為植物的養分。

很難想像，這隻這麼有用的蟲，台灣居然沒什麼人在研究及關心，直到近幾年環保意識抬頭，才漸漸有人提起。

我開始在山上建造了黑水虻研究室，把廚餘放到稍微偏僻一點的地方，讓牠產卵，一路觀察牠的成長。

從卵孵化後變幼蟲變蛆，之後化蛹，再變身為有翅膀的成蟲，看著牠如何尋找有廚餘的地方產卵，這就是名符其實的「腐肉生蛆」，牠尋找食物的軌跡，就是我飼養牠的起點。

別人用飼料養雞，我有黑水虻

黑水虻旺盛的繁殖能力，導致越養越多，我開始要找一個地方來消化多到滿出來的蛆。

想起兒時的遊戲——「棒打老虎雞吃蟲」，我就開始養雞，並用黑水虻當雞飼料，沒想到竟發現雞好喜歡吃，連飼料錢都省了很多！畢竟山區要買飼料很麻煩，而且費用可觀，黑水虻就解決了這些問題。

就這樣，我又多了雞農的身分。為了讓雞隻健康成長，採取放山養方式，一般放養，雞隻成長相對較慢，但因為有黑水虻可以吃，營養好，就能長得快一點。

雞有足夠的食物成長、寬闊的空間運動，雞肉的品質就能提升，也能賣得好價錢。同理可證，雞蛋也是。

有了肉雞跟蛋雞，民宿餐點的變化就更多了，無論中式、西式、鹹甜料理都能使用，做成民宿客人的盤中佳餚，既新鮮又能保證品質無虞。

讓雞回歸吃蟲本性，生出「放山快樂蛋」

吃黑水虻的雞所生的蛋，我稱為「放山快樂蛋」。跟一般飼養最大的不同在於，一般蛋雞場的雞，很多是被關在擁擠的房子，隔了五、六層的飼養架，可能一輩子腳都未必能著地；吃的是調配好，適合生蛋的飼料，裡面可能含有刺激卵巢發育的添加物，大大增加了產蛋量，蛋雞隻卻淪為生蛋的機器，這樣的雞應該一點都不快樂，也不健康。

蜻蜓石的雞，因為放養，有運動，加上餵食黑水虻，回歸牠吃蟲的本性，也是照顧到動物福利，所以我稱牠為「放山快樂雞」。

「棒打老虎雞吃蟲」這個遊戲，其實蘊含了很深的生態意義。蟲在整個生態系架構裡面，是重要的基石物種，是食物網重要的動物蛋白質來源，鳥、雞、魚都吃蟲，再提供給人類或其他動物吃，整個生物界的營養才能循環流動。

不起眼的昆蟲其實在生態食
物鏈是很重要的基石，鳥、
雞、魚都吃蟲，以取得蛋白
質來源，而轉換的肉類再提
供給人類或其他動物吃。

一般蛋雞場的雞，很多
是被關在擁擠的房子，
我用黑水虻養的雞住在
大豪宅，吃好住好，養
的雞是放山雞、生的蛋
是快樂蛋。

5 為了養蟲餵雞，下山找廚餘

出乎我意料之外的是，原本被廚餘搞到七葷八素的我，居然有一天要去找更多的廚餘搬上山，這是怎麼一回事呢？

隨著黑水虻越養越多，民宿的廚餘已經不夠吃了，但農場還是需要養大量的蟲來餵雞，以因應雞肉跟雞蛋的購買需求，於是，我開始到山下尋找廚餘。

在多方打聽之下，發現宜蘭縣羅東農會和員山鄉農會有在生產豆漿，製造過程會產生豆渣，屬於事業廢棄物，若拿到焚化爐，是需要收費的（1 公噸 2,000 元）。經過聯繫之後，他們願意將豆渣提供給我，他們省下處理費，我也總算解決了黑水虻的食物問題。

黑水虻的生物特性，就是什麼都吃，腐爛的、發酵過的東西都行，唯獨活的不吃。而豆渣富含植物性蛋白，相對一般廚餘也較為乾淨，是牠很好的食物來源，也有助養殖過程的整體環境控管。

隨著黑水虻的食物有著落了，雞也跟著越養越多，甚至已經成了蜻蜓石重要的收入來源。但因為人力有限，為顧及品質，無法太大量生產，還是會有客人訂不到雞肉或雞蛋，這真的是當初始料未及的。

蛋白質的轉換效率，昆蟲最高

根據世界農糧組織，2021 年年度報告，比較牛、豬、雞、蟲，生產 1 公斤的肉，需要消耗多少自然資源，發現蟲是轉換率最高，且污染最少的。

牛生產 1 公斤的肉，要比蟲生產 1 公斤的肉，多吃了 10 倍以上的糧食，多喝 5 倍的水，多排放 15 倍的溫室氣體，多用了 10 倍的耕地。

此外，蟲可以食用的部位比牛多了 1 倍，生長速度快，繁殖能力強，終年都可以飼養等，使得食用昆蟲變得更為友善環境及更適合人類永續經營。

如果有一天，人能廣泛接受吃蟲這件事，就能對地球更友善，因為不需要再開墾原始森林種植飼料作物，除了效率，更是符合聯合國永續發展目標 13（SDG13）氣候行動。

▼牛豬雞蟲的蛋白質轉換效率

食用部位	飼料轉換率 飼料重（kg） /活體重	水足跡 水(l)/蛋白質(g)	全球暖化潛力 （二氧化碳當量）	土地使用 面積(m2)/ 蛋白質(kg)
40	25	112	88	201
55	9.1	57	27	55
55	4.5	34	19	47
80	2.1	23*	14*	18*

資料來源：從食物安全角度看食用昆蟲，2021，聯合國糧農組織。

蜻蜓石的兩天一夜，產地到餐桌零距離

當您下午兩點半左右抵達，可以先享用下午茶，夏天有透心涼的剉冰，冬天則有燒仙草，隨著四季搭配不同的水果或果凍。遇到特殊節日，如：端午節，還會有粽子。

自助區備有各式蜜餞、餅乾，以及咖啡、花茶，客人依個人喜好及需求，自由取用。

午茶後進房稍事休息，可以到泳池放鬆自在地小游一下，下午四點，民宿主人石正人教授會在大廳開講，專業又風趣的解說，讓來客更了解蜻蜓石的故事，以及所肩負的環保使命。

聽完課，還有動態的農場導覽，可以親眼見到自己即將吃到的蔬菜、水果，以及快樂生長的雞與蛋，還有環保生態小尖兵：黑水虻的家。

六點前回到民宿，短暫休息後，開始享用晚餐。結合在地生產的食材，專業廚師以精湛的廚藝，融合各國料裡精神，一道道精緻美味料理，色香味俱全，滿足了味蕾。

例如，首先是現打果汁，前菜是來自農場的涼拌菜，可能是芋頭籤、蜜地瓜、五色沙拉。第三道是海鮮，可能是蝦或魚。第四道也許是干貝蒸蛋，第五道是自家飼養的酥烤放山雞，第六道是放山雞湯，第七道是炒米粉，第八道是農場的有機蔬菜，第九道是甜點，吃得既巧又飽。菜單隨著季節及廚師巧思，不斷變化創新。

　　晚餐後，可以自由的在泳池畔散步，消化後游個幾圈，或是回到房間享受靜謐時光，抑或在二樓房間露臺感受與星空共浴的美好時刻，都是難能可貴的體驗。夜裡餓了，還有消夜能果腹。

　　隔天清晨，到山頂看日出後，回到民宿享用早餐。主食有地瓜稀飯、烤麵包，配上自磨豆漿、咖啡，配菜如：鹽漬鯖魚、肉鬆、有機蔬菜、荷包蛋、自製醬瓜、豆腐乳、蘿蔔乾等，加上水果。讓腸胃跟人，都一起甦醒。

　　餐後到農場散步，與蝴蝶共舞，或是和農場的植物交流。喜歡游泳的，可以到泳池再流連一下。最後，再買些農場自產的蔬菜水果或雞蛋，快樂賦歸。

第 3 章
黑水虻帶來低碳
永續食物供應鏈

黑水虻，改變我的人生下半場；

祈願改造未來有機廢棄物處理模式，

打造台灣成為低碳永續的沃土。

1 黑水虻這隻蟲，真的不得了！

和黑水虻相遇，這美好的意外，讓我開始一頭栽進去牠的世界裡，不斷挖掘牠的相關資訊，越挖越覺得：這隻蟲真的不得了！

國安級的最佳蟲蟲尖兵

於是，我開始自己養殖，認真研究牠的生活史，關於牠的生長歷程，容後詳述，我想先說的是，這隻蟲的意義和價值，以及對國家安全層次的重大影響，絕非危言聳聽，而是不可忽略的事實。

黑水虻與國家安全密切相關，可以體現在四個層面：

一、解決環境衛生問題，讓台灣達到世界低碳標準。

二、確保糧食安全，提高糧食自給率。

三、提供乾淨能源的生質柴油。

四、滋養土壤，使其海綿化，保護國土，提升因應天然
　　災害的能力。

實踐有機廢棄物處理的低碳方式

未來台灣會面臨很多環境和糧食及能源問題，首當其衝的是，歐洲國家 2023 年開始課徵碳邊境關稅。

像 Apple、Microsoft 這些大型企業，早已朝著低碳供應鏈的模式前進，必然會要求周邊供應商的生產過程及產品，必須符合低碳的目標，由此可見，環境衛生問題在二氧化碳排放量方面，占有相當重要的角色。

在全球的環保大氛圍下，台灣在低碳努力程度，會影響外銷的順暢與否。因此，如果能大規模把黑水虻導入到有機廢棄物處理範疇，就是實踐低碳處理的最佳方式。

自從 2021 年禁止廚餘養豬後，當前處理廚餘，不是焚化就是做堆肥，其實都排放了相當多的二氧化碳，難以符合世界低碳的供應鏈需求，導致產品面臨賣不出去的命運，若能解決這個問題，台灣不僅能在低碳這門功課達標，甚至有可能成為低碳模範生，在守護環境和經濟效益達到雙贏。

很多研究報告顯示，利用黑水虻處理有機廢棄物，牠可以充分利用有機廢棄物中的營養成分，長大後轉換為蟲體的蛋白質、脂肪、幾丁質等。

不只大幅降低傳統處理有機廢棄物，如掩埋、焚化、或製作堆肥等方法所產生的甲烷、二氧化碳等溫室氣體，還能提供作為飼料，減少飼料作物耕作、國際貿易運輸、製作過程等所累積的碳足跡。

推動黑水虻處理有機廢棄物，可說是當前低碳淨零呼聲中，最重要的回應之一。

拚糧食自給率的最好選擇

台灣是糧食缺乏的國家，根據農委會報告，2021 年台灣的糧食自給率，以熱量計算只有 32%。一年進口的雜糧，超過 900 萬公噸，其中超過 70% 是用來做飼料。而全台飼料 95% 都是仰賴進口，其中，光是玉米，每年進口多達 420 萬公噸，主要用於動物飼料。

而新冠疫情更使得糧食供應雪上加霜。農委會主委陳吉仲在 2022 年 4 月表示，因為新冠疫情等因素的影響，全球面臨五十年來最嚴峻的糧食危機，飼料價格一漲再漲，使得畜牧產出的肉品價格隨之漲聲四起。如果再不提高國內糧食自給率，將會面臨難以處理的困境。

黑水虻的蟲糞和蟲蛻可以變成很好的有機肥料，取代造成土壤貧瘠的化學肥料，扭轉土地危機，恢復台灣土地肥力和保水性，以應付氣候變遷帶來的重大自然災害。

因此，政府一直想組雜糧國家隊，拚糧食自給率，以因應不時之需。但國內要自種黃豆、小麥、玉米，一來沒有那麼大的土地面積，二來農民的生產成本也高，有相當的困難度。

如果一旦發生戰爭，假設台海開戰，國外船隻進不來，雜糧、飼料無法進口，導致人跟動物的糧食皆不足，光靠台灣的糧食產量，不足以養活這麼多的人口，這時候該怎麼辦？黑水虻剛好可以來補足這塊需求。

黑水虻把有機廢棄物吃掉以後，長大的幼蟲，本身富含豐富營養物質，可以成為動物的優良飼料，提供各種經濟動物飼料所需蛋白質、脂肪等，增加台灣的糧食自給力，這樣就不怕戰爭或者天災人禍所導致的糧食漲價、缺貨，保障糧食安全，也維繫國家與人民的安康。

據估計，台灣一年產生的有機廢棄物大約 3,000 萬公噸，如果用來飼養黑水虻，保守估計可以產生 300 萬公噸營養豐富的幼蟲，和 500 萬公噸的蟲糞和蟲蛻作為有機肥料。這些幼蟲可以做成蟲乾或蟲粉等，若妥善運用，可以部分取代大量進口的蛋白質，增加台灣糧食自給率。

此外，黑水虻體內富含抗菌肽、月桂酸、甲殼素等，作為飼料可以產生免疫調節作用，減少動物疾病、增長動物壽命、提高產量等。運用黑水虻提供的蛋白質和營養成分作為飼料，產量穩定、現產現用，新鮮營養、不受季節影響、不需長久儲藏搬運。加上是利用在地有機廢棄物生產的，可以達到循環經濟，永續經營目標。

提煉生質柴油，提供乾淨能源

黑水虻成長後，全身富含脂肪體，大約占體重的 40％，可以用來萃取昆蟲油，除了作為飼料添加劑外，更可以用來萃取生質柴油。利用黑水虻萃取生質柴油，目前萃取率高達 90％，柴油品質也都達到歐盟規範，可以直接使用。

從黑水虻萃取的生質柴油，可以取代從大豆、玉米或油菜萃取，從而不需要開墾更多的耕地，破壞更多的森林，減少更多的碳足跡。

扭轉土地危機的稱職幫手

土壤裡面必須要有蟲糞、蟲蛻，這些是土壤中微生物繁殖非常重要的養分。假設一塊地，一直使用化學肥料，雖

然提供大量的氮、磷、鉀等等，但土壤裡面龐大無比的微生物，無法消化那些化學肥料，也會因為缺乏昆蟲的蟲糞、蟲蛻中的有機質和幾丁質，使得微生物繁殖及生長能量來源隨之短缺，因而變弱甚至瀕危，土壤最後會貧瘠，失去活力與保水力，不僅影響耕作，更會危及國土安全。

黑水虻可以扭轉土地危機！養了黑水虻後，牠的蟲糞、蟲蛻可以變成很好的有機肥料，如果供應量足夠撒在全台灣的耕地或綠地，土地就會海綿化，土壤變得像海綿一樣，可以吸水，讓環境可以應付氣候變遷帶來的重大自然災害。台灣的韌性，就從土地開始形塑。

在台灣，近年最常見的就是強降雨，假設一年四季 2,500 毫米的雨量，從前分散在十個月、一百次分批降下，但現在同樣是 2,500 毫米，卻變成集中幾次就下完了，導致單次降雨量驟增，超大豪雨引發的洪災，越來越嚴重。

如果善用黑水虻的蟲糞和蟲蛻來滋養土壤，讓土壤海綿化，以自然的方式防災，就能降低暴雨帶來的危機，也不需要去蓋滯洪池、抽水機站、堤防、分洪道，進而保護我們珍貴的國土。

2 人類面臨的永續議題

人類生活隨著科技發展，生活越來越方便，但環境生態遭受迫害及污染的情況，卻逐年遞增。

▼ 2022 氣候變遷績效報告排名

排名		國家	排名		國家
1	—	從缺	31	▼	泰國
2			34	▲	西班牙
3			35	▼	紐西蘭
4	▲	丹麥	36	▼	澳洲
5	▼	瑞典	37	▼	中國
6	▲	挪威	45	▼	日本
7	▼	英國	55	▲	美國
8	▼	摩洛哥	57	▼	馬來西亞
9	—	智利	59	▼	南韓
10	—	印度	60	▼	台灣
13	▲	德國	61	▼	加拿大
16	▲	葡萄牙	62	▼	伊朗
22	▼	歐盟 27 國	63	▼	沙烏地阿拉伯
27	▼	印尼	64	▼	哈薩克

資料來源：CCPI 2022

從工業革命開始，大量生產新的用具讓生活更便利，但因此產生很多的二氧化碳、甲烷、氧化亞氮等溫室氣體。而綠色革命則發明了殺蟲劑、化學肥料等，大量栽培或飼養，雖然提供了很多糧食，改善人們的生活，卻也造成環境污染，破壞了生態環境。

▼全球宣示達到淨零排放的國家數和碳排放占比

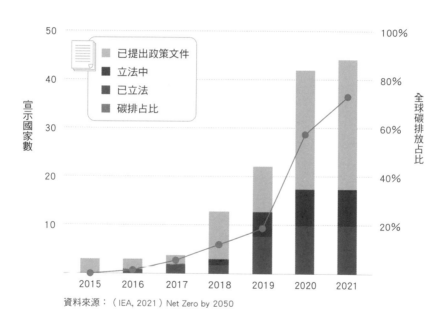

資料來源：（IEA, 2021）Net Zero by 2050

溫室效應的危機

　　這就是過去人類的無知和貪婪導致生產、生態、生活三生崩壞、失衡的結果（生態、生產、生活的「三生」失衡，見第 102 頁）。如何讓生產、生態、生活均衡發展，落實三生產業共榮，是我們扭轉現狀努力的目標（蜻蜓石有機生態農場實踐「三生」共好循環，見第 143 頁）。

　　工業革命帶來很多溫室氣體，如甲烷、二氧化碳等等，累積在大氣層，使得陽光照向地表後，原本應反射回去太空，卻因為這層氣體，產生溫室效應，很多紅外線反射回地表，導致地球溫度上升，產生熱膨脹效應，加上原本山上的冰川，也因為氣溫升高而融化，使得每增加攝氏 1 度，海平面就會上升 2.3 公尺。而台灣海平面上升的速度是全球的兩倍，未來台北盆地可能低於海平面，成為「內湖」。根據電腦模擬預測，到了 2050 年，高雄也會成為一片汪洋……。

　　有鑑於此，蜻蜓石有機生態農場採用自然生態循環的方法，利用作物行光合作用，將空氣中的二氧化碳轉化為碳水化合物；利用黑水虻去化廚餘，將廢棄物轉化為蛋白質、脂肪、幾丁質等作為飼料養雞；利用蟲糞作為有機肥料，將碳鎖在土壤中……，經過縝密規劃，搭配各種自然資源，目前農場的生產系統不只低碳，還是負碳呢！

減排淨零勢在必行

延緩溫室危機，人類必須有所作為。

2021年11月在英國舉行的地球高峰會，有92%的國家，都把「自然為本」（nature-based solutions, NbS），納入解決碳排的方案。

所謂「自然為本」，主要就是提倡多種樹、保護濕地、改變耕種方式等等。以種樹為例，當植物行光合作用時，會在葉綠體內，利用空氣中的二氧化碳和水，合成碳水化合物，把碳鎖在植物體內，進入生態系的碳循環，如此，就不會溢散到大氣層，減緩溫室效應。

正當全球大聲疾呼降低碳排，尋求解決方案時，根據看守地球評估報告，2022年氣候變遷績效排名，台灣卻是全球倒數第5名（第60名）。這項排名是根據該國是否有政策文件、有無立法以及當前碳排放比例來評比，進行績效報告。

主因是台灣直到2022年的3月30日，才提出台灣2050年淨零排放路徑及策略總說明，當各國已經立法甚至開始執行碳排淨零了，我們還停留在策略說明的階段，代表還有段很長的路在前面，我們要急起直追，擺脫末段班的窘境。

3 蟲蟲是危機？還是轉機？

　　一般農民，種菜時看到蟲來了，通常第一個反應，就是跑去農藥行，買了農藥就噴，一下子方圓幾公頃的土地，幾乎所有的蟲都死光了！可是這樣真的好嗎？

生態循環不能沒有昆蟲？！

　　害蟲固然死了，害蟲的天敵也不見了，所有需要以蟲為食的動物也跟著不見，生物多樣性遭受空前破壞，春天到

▼生態、生產、生活的「三生」失衡

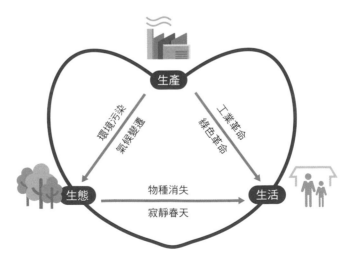

來，再也沒有蟲鳴鳥叫，蝴蝶、蜻蜓、螢火蟲等也只能存在回憶中。

　　以蜻蜓石有機生態農場經營的生態循環生產系統圖來看，人種植蔬菜水果①②，用餐後會有廚餘③，就用來養蟲④，蟲長大後可以餵雞⑤，因蟲有抗菌素⑥，所以雞隻健康從而生下的雞蛋和雞肉⑦⑧，就不會有動物用藥殘留過多的問題。為了給蔬菜水果授粉還養了蜜蜂⑨，除了授粉外，會產生蜂蜜給人喝。雞糞和蟲糞⑩，收集起來做堆

▼ 生態循環生產系統圖（以蜻蜓石生態農場經營為例）

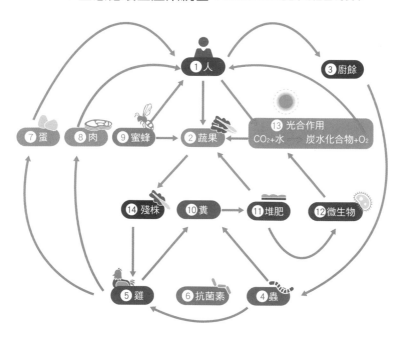

肥⑪，添加微生物⑫，幫助發酵作為有機肥料栽培作物。發酵過程產生的 CO_2 作為光合作用⑬的原料，副產物 O_2 則重回人類生態系。有機蔬果被昆蟲危害後的殘株⑭則用來餵雞。

我們可以把它想像成一張網，昆蟲是在最底部，如果用農藥把牠們殺死了，網就破掉了，難以回到原來的生態結構，所有循環來到這裡就卡住了。所以，昆蟲到底是敵人還是朋友？是我們應該要重新認識的課題！

地球充滿生機的得力助手

從人類的演化來看，達爾文說，人類是從猴子來的，至今很多人工作的姿勢，也跟猴子大同小異。人類跟其他生物最大的不同，在於人類會製造工具，凌駕於其他動物。

但就在大量製造工具以後，地球就產生了莫大的災難，飛機、手機、電視機等等，當舊了、壞了就丟棄，造成地球難以承受的負擔。

因此，當人類演化到最高等的階段，就是要懂得資源回收的知識、技術及情操。

事實上，自然界資源從不浪費，一直在循環利用，以生產者（植物）為例，它把陽光的能量，吸收並累積在身體

中，長大後提供給消費者，人類、動物食用，動物死掉以後，塵歸塵、土歸土，被分解者（微生物）分解礦物化之後，又成為植物的養分。如此循環利用，生生不息。

但光是這樣的循環，其實還不夠，在自然界裡面，還需要資源回收。

比如說，當森林裡面的百年巨樹枯死倒下，若單靠微生物分解，起碼要一百年，才會整個化為塵土。若是一隻山豬死掉了，只靠微生物分解，起碼也要一年以上。如此一來，不就遍地都是枯死的木頭、臭氣沖天的動物遺體？

可是，地球並不會產生這樣的問題，這表示一定有幫手在默默做資源回收，在生態系裡面有個非常重要的角色，稱為「清除者」。例如：白蟻會吃木頭，所以傢俱會被牠危害，但白蟻其實很無辜，牠以為那是死掉的木頭，要趕快幫忙分解。

這是老天賦予牠的工作，趕快清理枯木，空出地面，讓新的樹苗可以成長，讓地球能早日恢復生機。

另外，我們常說腐肉生蛆，山豬死掉了，蛆就很快會出現，將山豬吃掉，滋養自己，成為肥碩的幼蟲，隨後又變成鳥類或其他動物的食物，最後人類再食用雞跟動物，食物鏈就此循環不已。

▼人類使用工具的演化凌駕其他動物

▼懂得資源回收才是人類演化的最高等級

請回「清除者」，永續淨零

　　這裡的「蛆」，就是資源回收的大功臣，牠把龐大的動植物遺體或排泄物消化後，分解成微小的碎片，再被分解者微生物去做分解工作，就能事半功倍，儘速還給地球清新環境。

　　清除者，包括眾多的昆蟲等等，在生態系當中是舉足輕重的角色，但問題是，大部分的清除者，已經被人類當成害蟲排除在居住圈以外了。

▼自然界的資源循環利用與資源回收

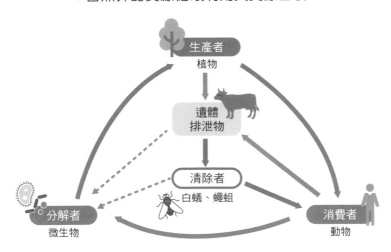

為了保護木造房子或家具，我們把白蟻當害蟲防治；為了所謂的環境衛生，人們想方設法撲滅蒼蠅，當然也就無法協助人類清除廚餘等有機廢棄物。

我正在做的，就是把這些清除者重新請回來，運用自然的力量，解決各種有機廢棄物的問題。

這位在我生命中的要角，甚至會影響人類未來的清除者，就是黑水虻。我如何去約束牠，讓牠們能好好做事，又不會惹人討厭？請聽下回分解。

一窺黑水虻生活史

黑水虻的生活史從成蟲開始，是生命的結束也是開始，因為成蟲產卵後，就會死亡。

① 蟲卵量可產 1,000 顆

一般雌蟲產卵量最多可達 1,000 顆，通常喜歡將卵產在小而乾燥的隱蔽孔洞中，而且是在靠近有機物質的地方。

像在農場裡，牠們喜歡把卵產在木頭縫隙中，以確保幼蟲孵化後，有食物可吃，也可保護蟲卵避免被其他昆蟲或動物捕食，同時避免陽光照射導致卵脫水的危險。

因此，我在兩塊木頭中間放一根牙籤，就能營造好的產卵環境，並能容易蒐集到大量的卵，進行孵化。

② 3 ～ 4 天孵化成幼蟲

蟲卵平均 3 ～ 4 天左右可以孵化成幼蟲，蟲體呈乳白色，初期體長只有微小的幾毫米（1 ～ 2mm）而已。幼蟲開始以鄰近的有機廢棄物為食物，快速進食有機物質。

③ 15 ～ 20 天為幼蟲期

在 15 ～ 20 天左右的幼蟲期，體重會增加 4,000 倍，身長會增加 20 多倍，成長到大約長 20 ～ 30 毫米，體寬約 4 ～ 6 毫米，體重可達 0.2 ～ 0.3 公克。

▼黑水虻的生活史從卵開始，是生命的結束也是開始，因為成蟲產卵後，就會死亡。

幼蟲。

喜歡產卵在夾縫中，一生中可產卵 1,000 顆卵。

幼蟲期：有六齡，頭部尖，尾端扁平。

蛹期：變黑，蛹殼變硬。羽化時在前端呈倒 T 字型裂縫。

▼黑水虻生命週期

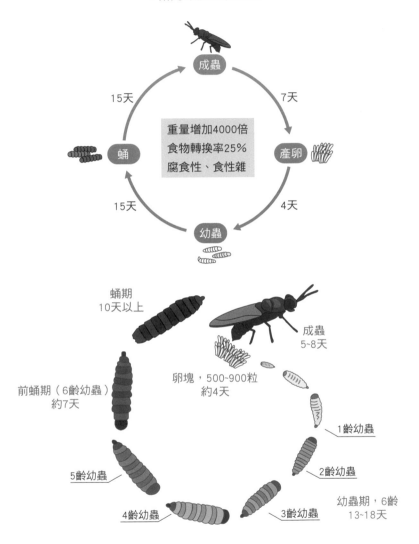

成蟲

15天　　　　　　　　7天

蛹　　重量增加4000倍　　產卵
食物轉換率25%
腐食性、食性雜

15天　　　　　　　　4天

幼蟲

蛹期
10天以上

前蛹期（6齡幼蟲）
約7天

卵塊，500~900粒
約4天

成蟲
5~8天

5齡幼蟲

1齡幼蟲

2齡幼蟲

4齡幼蟲

3齡幼蟲

幼蟲期，6齡
13~18天

④黑水虻的特殊喜好

黑水虻屬於腐食性生物，只要是腐爛的有機物，幾乎什麼都吃，廚餘裡面的飯、菜、肉，都是牠的美食，唯獨活的不吃。

為了養雞，我要養很多蟲，平均一隻雞一天要吃 500 隻蟲，因此我要努力找廚餘來餵養黑水虻。當然也會留下一部分幼蟲當作種源，讓幼蟲化蛹，成蟲羽化後產卵，培育下一代的幼蟲。

⑤黑水虻的取食生態

黑水虻一生會經歷五個幼蟲齡期後，脫皮為前蛹。幼蟲的頭部呈圓錐狀，具有堅硬的外骨骼，可以很容易刺穿食物。口器主要是由上唇保護的大小顎複合體組成，其功能類似隧道挖掘機。

取食時，由大顎上的勾狀物抓住食物，而由小顎上的內葉和外瓣組合成研磨區磨碎食物，藉由食道下咽頭幫助，把磨碎食物往後送進入咽頭，再進一步研磨後，送入腸道消化。中腸的 pH 質約為 2，類似人胃的胃酸，可以殺死很多病菌。

幼蟲會群聚取食，圍繞著食物周圍旋轉，類似噴水池一樣。取食後的個體，離開食物中央處，外圍的幼蟲則轉進中央，如此輪流進行。

⑥大量進食讓蛹能量飽滿

老熟的幼蟲顏色也會轉變成深褐色，甚至是灰黑色，類似蛹的形狀，稱為前蛹。

前蛹利用大顎前端具有三牙狀的口勾，從取食處往外移動，尋找乾燥而隱蔽的地方化蛹，保護蛹的安全，確保從蛹羽化成蟲的過程，不會受到天敵威脅。移動時，以頭部口勾固定，而後藉由節間膜收縮，逐漸在腹部中央弓起，再抬起頭來固定前方，如此反覆進行前進。

黑水虻和蠶寶寶一樣，只在幼蟲期進食，此時牠的食量很大，必須把後續化蛹及成蟲產卵時，所需的能量都儲備起來，主要是以脂肪體的方式，儲存在幼蟲體內，大約占幼蟲體重 30 ～ 40%。

⑦羽化成蟲不再進食

羽化後的成蟲，不再進食，開始找交配對象，雌蟲會在死前儘快產卵，完成傳宗接代的任務。

化身有機廢棄物終結者，守護地球

　　說黑水虻是有機廢棄物終結者，一點都不為過，甚至在清理廚餘的同時，還能守護地球。

黑水虻成蟲具有亮麗金屬光澤，腹部第二節背板有半透明亮斑，觸角扁長，又名亮斑扁角水虻。因擬態具有攻擊性的蜂類，所以天敵較少，常群聚。

台灣一年回收的廚餘超過 55 萬公噸，以往大約有 62% 用來餵豬，等於豬每天吃掉 1,000 公噸的廚餘。但從 2021 年 9 月 1 日開始，政府明令規定，禁止廚餘餵豬，只能用來堆肥、掩埋或焚化。

　　以焚化來說，廚餘濕度極高，要全數燒掉的話，需要極高的溫度，而廚餘裡面含有很多的氯化鈉，也就是大家生活上常見的鹽，其中的氯在高溫下易轉變成多氯聯苯，也就是戴奧辛，將製造大量環境污染，耗費很多能源，也危害人體健康。

　　我們一再強調的碳足跡，是指一個產品要走到最後，直到廢棄物處理階段，碳足跡才計算完成，就算前面再怎麼縮短碳足跡，但焚化卻讓最後一哩路大破功，決不是好辦法。

　　黑水虻未來在減少碳足跡方面，絕對可以提供最佳解方。根據《生態與環境科學期刊》的研究，用黑水虻來處理廚餘，可以將廚餘裡面 40% 的碳吃到體內，將其轉化為蛋白質、脂肪、幾丁質。跟傳統廚餘堆肥法相比，以黑水虻處理廚餘，可以減少 70% 的二氧化碳排放。

　　用黑水虻處理豬糞，更是台灣的救星。截至 2022 年，台灣養了超過 500 萬頭的豬，每隻豬的排泄物是人的兩倍，由此可知，台灣要處理豬排泄物的問題，相當棘手。

根據 2020 年的一篇研究報告顯示，黑水虻處理豬糞等廢棄物，比使用微生物堆肥法，減少了 90% 的碳排放。

根據環境管理雜誌 2020 年的研究報告顯示，除了二氧化碳之外，另外兩種溫室氣體：甲烷和氧化亞氮，一樣侵蝕著地球。

將黑水虻處理廚餘和堆肥法兩者相比，黑水虻在甲烷的排放量，比堆肥法減少了 600 倍，氧化亞氮則減少了 1,200 百倍。可以想像得到，這隻蟲是解決未來地球有機廢棄物的重要戰將。

環保署在 2022 年 4 月公布了森林碳匯計算方法，造林 1 公頃，每年可減少 10 噸溫室氣體，自願性造林減碳的企業或民眾，可至環保署「國家溫室氣體登錄平台」的抵換專案中，查詢減量方法並提出申請，經環保署確認符合抵換專案後，就會給予減量額度（碳權）獎勵。但問題在於，台灣哪有那麼多林地可以用來造林？

可以換個角度來思考，森林是將已經排放到空氣中的二氧化碳抓回來，而黑水虻卻是在還沒有排放出去之前，就回收到自己身體裡，可以說，牠比造林還要有用。

原本要拿去焚化爐或是發酵堆肥的廚餘，都可以交給蟲來處理，如此，不僅減少溫室氣體的排放，直接由黑水虻回收，進到生態系，達成最天然的生物循環。

堪稱神級清道夫，潛力無窮

黑水虻除了吃廚餘，其實能做的還很多。身為腐食性昆蟲，帶著上天賦予的清除者使命，光是生物廢棄物這一塊，就可以奉牠為神級清道夫。

在城鄉廢棄物方面，包括有機廢棄物、過期食物、餐廳與市場的廢棄物。在農、工業廢棄物方面，則包括了食品工廠處理後的廢棄物、酒糟、屠宰場廢棄物等。甚至連糞便都在牠處理的範圍，包括：家禽糞便、豬糞、人類糞便以及糞便污泥。可以說，是將人類最不想處理的生物廢棄物一網打盡。

為了解黑水虻到底有哪些研究在進行，或可以應用在什麼地方，我利用 Google 學術搜尋，結合了黑水虻跟不同的關鍵字，來搜尋相關研究。

結果可知，截至 2022 年 9 月為止，黑水虻在處理生物廢棄物上，總共發表了 6,950 篇的相關論文，是最多的。

▼黑水虻可以處理的有機廢棄物種類

城鄉廢棄物	農、工業廢棄物	糞便
• 城鄉有機廢棄物 • 食物與餐廳的廢棄物 • 市場廢棄物	• 食材處理後廢棄物 • 酒糟 • 屠宰場廢棄物	• 家禽糞便 • 豬糞 • 人類糞便 • 糞便污泥

資料來源：瑞士經濟部 EWAG

▼黑水虻在生物廢棄物處理的學術相關研究

≡ **Google** 學術搜尋　"black soldier fly"　"greenhouse gas"　🔍

年份	Waste 廢棄物處理 (%)	Animal Feed 飼料(%)	Fertilizer 肥料(%)	Greenhouse gus 溫室氣體(%)	Circular economy 循環經濟 (%)	Biofuel 生質柴油 (%)
2022~	1310 (19)	824 (20)	459 (20)	392 (23)	339 (28)	192 (22)
2021~	2990 (43)	1880 (45)	1030 (44)	859 (50)	735 (60)	394 (45)
2018~	5430 (78)	3460 (83)	1800 (77)	1440 (83) 1100	1100 (90)	708 (80)
Sum	6950	4190	2340	1730	1220	877

～2022/9

註：以Google學術搜尋「black soldier fly」「和其他關鍵字」結果
　　括號內為所占百分比。

▼充滿脂肪的黑水虻可萃取出生質柴油

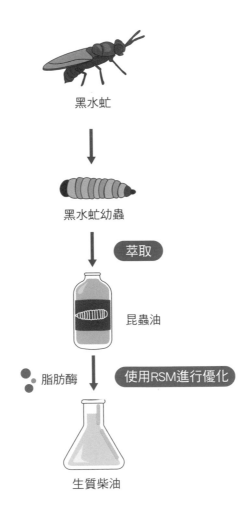

黑水虻

黑水虻幼蟲

萃取

昆蟲油

脂肪酶 　使用RSM進行優化

生質柴油

其次是拿來做動物的飼料，同年有 4,190 篇論文。第三多的是蟲糞當肥料，有 2,340 篇研究。第四大項則是黑水虻與溫室氣體的相關論文，發表了 1,730 篇。

排名第五的是黑水虻與循環經濟，共有 1,220 篇。而黑水虻作為生質柴油用途的研究，則有 877 篇。我再次詳細比較之後發現，若以單一年度（2022）所發表的報告，占所有報告的百分比來看，可一窺最新的研究趨勢轉換。

例如，廢棄物處理、飼料、肥料等之利用在 2022 年發表的報告所占百分比都在 19～20% 之間。而生質柴油、溫室氣體、循環經濟的占比，卻提高到 22～28% 之間。

從此可見，黑水虻的潛力無限，有極大的未開發領域。

把蟲變成油的無限可能

根據台灣永續能源研究基金會 2021 年的研究報告指出，美國生質柴油，從 2021 年開始呈現大幅成長，2023 年是 2021 年 3 倍。

而美國的生質柴油來源主要是大豆，但大豆或大豆油本來應該是人類糧食，卻因為美國大量製造生質柴油，導致

人們買不到大豆，造成糧食短缺問題，實在是本末倒置、不符人道。所以，有人稱之為「失控的生質柴油」，要解決這樣的失控狀態，黑水虻是最佳解方。

令人欣喜的是，黑水虻幼蟲全身充滿了油，可以萃取牠的脂肪來榨油，製作成生質柴油。

在能源越來越缺乏的時代，黑水虻可以說是是超級救兵。牠整個蟲體的脂肪，占體重的 35 ～ 40%，等於身上有 1/3 都是脂肪，再用精密的觸媒轉換技術，可以從中萃取出 86.5% 的生質柴油。

根據 2022 年環境能源研究的報告，用這樣的方式從蟲體提煉能源用油，跟石化煉油相比，對環境更為友善。

而且，用黑水虻做成的生質柴油品質，符合歐盟規範及多國國家標準，可以在市面上流通買賣，提供車輛等需要油料的器械來使用。

第一代半機械化養蟲箱，
拆卸清洗都還很費工。

第四代機械化養蟲箱，總算可以輕鬆大量飼養黑水虻了。

4 黑水虻的山間研究室

這隻引起我莫大興趣的蟲——黑水虻，讓我不顧一切地將牠請進我的生命中，開始用心飼養。

養蟲其實是很辛苦的事，一盒一盒的養著，要常常去翻動，一盒裡面有幾萬隻蟲，如此密集生長會發熱，就像發酵一樣，產生阿摩尼亞，我必須想辦法讓它降溫、通氣，每天要徒手翻蟲盒，手痠人也累，實在不堪負荷，再這樣下去實在不是辦法。

重披學者戰袍

「懶惰使人聰明」，我開始想方設法要解決通氣跟降溫的問題，好讓我的蟲蟲快樂生長。

當時我已經退休了，台大的研究室三個月內就要交還，研究生則紛紛奔向其他指導教授，沒人會到這麼偏遠的山上來幫我，在這山林間，可以說學術研究的資源及支持力量全數歸零。

但我實在很想好好研究這隻蟲，只好自己用帆布搭蓋帳篷當作實驗室，在沒有研究生的狀態下，把太太跟弟弟找來一起幫忙，於是家人成了山野實驗室的研究生。

那時候，我深刻感受到，黑水虻可以幫我處理廚餘，長大了又可以用來餵雞，真是天降良伴。

但是，如果沒有克服大量飼養的種種問題，這蟲雖好，只能一盒一盒慢慢養，耗費太多人力與空間，沒有出路，用途依然有限。

靈光乍現，打造晶圓般的養蟲場

我開始研究並試驗大量且自動化飼養的方法，希望能更省人力及空間，以發揮更大的效益。

試驗過程，就是不斷嘗試失敗的歷程。想到以前我在養昆蟲細胞株的生物反應器，利用類似酒廠發酵槽概念，可以大量培養昆蟲細胞，或許對飼養黑水虻會有幫助。

剛開始做了一個高約 4 米的立體長方盒子，裡面用鐵板

▼「塔型連續自動化生物飼養器」設計圖

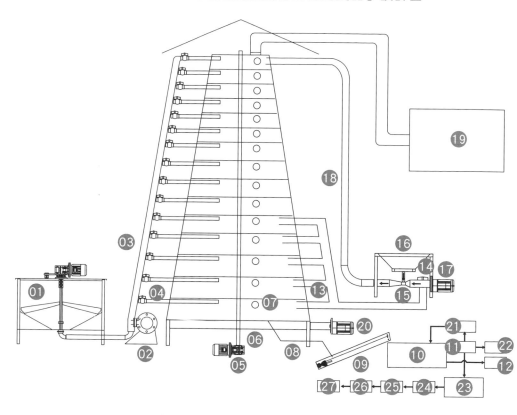

01 儲料攪拌桶	08 蟲體回收	15 文氏管送蟲系統	22 活體
02 泵浦	09 蟲體輸送帶	16 幼蟲放置槽	23 消毒煮沸槽
03 補料系統	10 篩蟲機	17 鼓風機	24 乾燥
04 補料調節閥	11 蟲體	18 進蟲系統	25 抽脂
05 馬達	12 排泄物	19 廢氣處理	26 磨粉
06 旅轉軸心	13 通氣系統	20 熱風機	27 包裝
07 洩氣閥	14 系統切換閥	21 滯留槽	

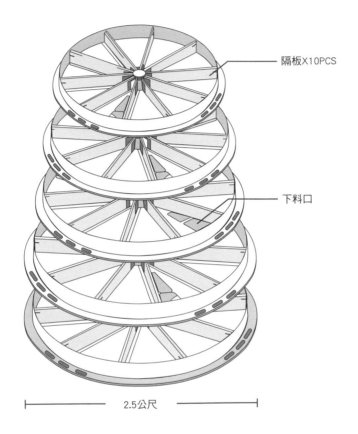

隔板X10PCS

下料口

├─────── 2.5公尺 ───────┤

最新進化的金字塔般的自動養蟲器，依照蟲的生長需求來設計飼養
機器，黑水虻塔由小至大，主要是初期蟲體甚小，所需食物也少，
慢慢成長，需要更大空間，逐層擴充。

交互隔層，小蟲自上層放入，牠會一直往下鑽，邊走邊吃，抵達最下層時，已經長大，可以收成。

但是，養過幾代後問題就來了，蟲會自己往下鑽，蟲糞、蟲蛻和剩下的廚餘不會動，會累積在盒子裡，到頭來還是要大費周章的拆下來清理。周而復始，實在是大工程。

第二代蟲箱，就改用空壓機大量氣體去吹，把蟲糞廚餘吹下來，一直改革，直到第四代，才算完成第一件黑水虻大量飼養裝置。

研究工作就像是夸父追日般永無止境，第一件自動化飼養裝置運轉一年後，我還是覺得不滿意，因為需要太多的成本、元件與耗電，所以我又開始著手另一次探索。

有一次，參觀晶圓廠的生產過程，終於讓我開啟了天眼。他們將矽晶圓穿梭在各個加工站，經過層層光罩照射、曝光、顯影、蝕刻、研磨、測試、封裝、切割⋯⋯，最後就可以生產晶片了。

我想，黑水虻的飼養或許也可以像晶圓生產一樣，結合第一件發酵槽式生物反應器概念來進行。

營造適合黑水虻的生長環境

如果設計在一個圓盤上，將其分成十格，每格飼養不同日齡的幼蟲，同時在飼養格上補充牠的糧食，讓牠從最上面一層開始生長，在每層設一個下料口，每層下料口依反時鐘方向排列。

接著，利用中央轉軸讓圓盤每隔一定時間轉動一格（36度），那麼鄰近下料口的蟲，會掉落到下層，同時下層相對應的飼養格的蟲子，則先被往前方推移一格，如此，掉下來的蟲會掉落在已經清空的飼養格，這樣就會依序換層。

換句話說，在換層掉落的過程，就好像我在翻動一樣，可以造成通風及降溫的作用，營造黑水虻適合的生長環境。感覺上，好像請來牛頓來幫我一樣，他用地心引力幫我翻蟲。

由於幼蟲從卵孵化到成熟，大約需要 20 天。剛開始蟲體小，食量少，所以不需要很大的空間（圓盤），但隨著日齡增長，身體變大、食量變多，也累積糞便，所以需要更大的空間。

塔型連續自動化生物飼養器利用層層堆疊的大小圓
盤，模擬人力翻動蟲箱的優點，達到通風及降溫的
作用，營造適合黑水虻生長的環境。照片中的圓盤
內的白色物體正是餵食黑水虻的豆渣飼料。

圖片從左至右，剛開始製作模型試驗，
再做小型試驗機，最後完成商品化機種。

金字塔般的自動養蟲器

我把各飼養層依照黑水虻所需空間大小，設計不同直徑圓盤，從大到小，依序往上堆疊起來成為塔狀。飼養時，小蟲放在最上面的圓盤，設定好旋轉的間隔時間及供料量，就能自動完成大量飼養。

依照蟲的生長需求來設計飼養機器，黑水虻塔，如同金字塔般，由小至大，主要是初期蟲體甚小，所需食物也少，慢慢成長，需要更大空間，逐層擴充。精算出 15 天後，成熟幼蟲到最底層，自動化系統會把蟲移到篩選台，將蟲與糞及廚餘剩料分開來，之後進行清洗消毒，蟲去餵雞，蟲糞、蟲蛻則做為肥料。

這樣的飼養方法，大幅降低人力及空間需求，設備簡單，操作容易，穩固抗震，終於解決了困擾我好幾年的問題。

2022 年，我終於得到智慧財產局頒發的專利證書，看著這張證書，心裡百感交集，這張證書，耗費了我十年青春，數不盡的辛酸，如果念博士，不知道可以拿到多少個博士學位了！

5 黑水虻塔打造永續未來：多贏的共享經濟

　　目前發展出來的系統，一天可以處理兩噸的廚餘。系統採模組化設計，可依需要調整飼養層，例如一般的公寓大樓或餐廳，並不需要像我在山上設置的大型黑水虻塔，只需要最上面的三到五層，就足夠一天處理幾十公斤的廚餘，放在大樓地下室的廚餘集中區，成為方便的廚餘清理機，蟲長大之後，再由專人定期回收處理。

　　甚至我還在想，可以設計成更小的蟲塔，放在家庭流理台下方，每天家庭主婦用完餐，就能把廚餘集中起來倒下去，每週請人處理放小蟲、收大蟲的工作。當然，所有流程，包括蟲塔設計，使用者都可以不必看到蟲。

　　這是一種全新的合作模式，家家戶戶幫我養蟲，我幫人們處理廚餘，主婦不用拎著既臭又濕的廚餘，追著垃圾車跑，大樓也不用特別花錢買冰箱來存放廚餘，既不需清運，也不用焚燒、掩埋，守護了環境，解決了家庭廚餘問題，蟲還能養雞或動物，蟲糞還能做成有機肥，形成一舉多得的共享經濟。

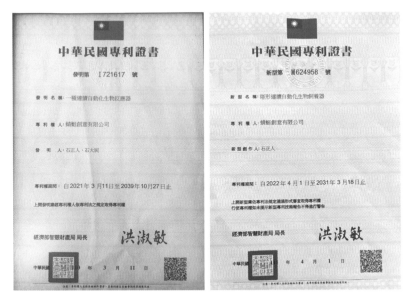

我為了飼養黑水虻，研發的塔型連續自動化生物飼養器，在 2022 年終於取得智慧財產局頒發的專利證書。

驚喜黑水虻幫忙解決廚餘問題，開啟了我以蟲養雞的一連串自成一格的農場生態循環。

左圖為黑水虻，右圖以黑水虻幼蟲養黑羽土雞。

因地制宜的台灣模式

　　2021 年，黑水虻飼養機設備正式定案為「塔型連續自動化生物飼養器」，送智慧財產局審核，在 2022 年 4 月 1 日，正式取得專利。

黑水虻飼養機設備可以設計成適合社區或工廠，甚至是放在家庭流理台下方的小蟲箱，用完餐就能把廚餘集中起來倒下去，每週請人處理放小蟲、收大蟲的工作。

研發過程中，我參考了荷蘭等國的做法，也產生了很多方向的思考，像荷蘭這樣的先進國家，儘管也是一盒一盒的方式養蟲，但跟我最大的不同，在於他們是用自動化倉儲系統飼養，可以達到大量、省工的目的。但是一個廠房建造下來，動輒數億歐元，對我來說，實在天高地遠。

　　總結有兩大問題，一來是大成本，二來則是碳足跡。像荷蘭那樣的黑水虻工廠，光是一天處理的量，就必須多達上千公噸，才能符合經濟規模。我目前一個桶子是兩公噸，根本難以相比。

　　相對於荷蘭模式，除了沒有那麼大的資本之外，還有上千公噸的廚餘的運送問題，這樣的做法，等於方圓五百公里的廚餘，都要想辦法收集並運送到廠區，中間的運送過程，耗費許多交通成本，也增加許多碳足跡，甚至還會有廚餘洩漏污染的可能。

　　除此之外，還有污染量的問題。在山上，我每天處理兩公噸，所產生的污染尚可忍受，若是上千公噸的廚餘，由於污染具有累積放大作用，忍受度就會相對降低。

　　以台灣民意如此高張的情況下，很難找到一個地方能興

建大規模廠房，並取得當地居民同意，加上每天要從外地運送上千公噸廚餘過來，真的困難重重。

廚餘就地處理，黑水虻幫大忙

我開始思考，既然歐美大量集中飼養的模式，在台灣很難落實，若是小量分散飼養後再集中蟲體，或許是條可行之路。這樣一來，成本不會太高，二來，也可以同時解決碳足跡及污染問題。

我認為最好的方法是，廚餘就地處理，直接拿來養黑水虻。例如，台北市的廚餘，應該在當地就處理，而不是耗費交通成本送到中南部的大型廠房。假設台北市一天產生180噸，最好的方式，就是在地處理不遠送。

如果是大規模廠房，因為需要集中上千噸廚餘，至少要將五、六個北台灣城市的廚餘集中到某個地方，中間運送跟污染難以估計。

比較好的做法，應該想辦法分散在台北、新北、桃園、中壢等地，分散設幾個廠，以去中心化的方式運作，當廚餘變成蟲、蟲糞時，再集中起來，就能大大減少交通成本及環境污染。

石教授的生態小教室

各國黑水虻應用情況

世界各國在黑水虻應用情況，舉歐美國家為例，簡直是
百花齊放，如火如荼地展開了。

2009年，荷蘭Protix公司，蓋了超大型廠房飼養黑水虻，
以自動化倉儲系統養蟲，連荷蘭國王都前往參觀，可見其
重要性。

因為Protix公司所飼養的黑水虻，每天會把他們國內的
有機廢棄物如酒糟、廚餘、畜牧業動物的糞便吃掉。長大
後的黑水虻，又可以養雞、魚，大大解決了國家的環境衛
生問題，同時也緩解蛋白質飼料缺乏的危機，因此，國家
傾力支持，目前Protix也成為世界上最大的黑水虻生產工
廠。

此外，英國的AgriProtein公司、加拿大的Enterra公司、
法國的Ynsect公司，都在飼養黑水虻，甚至Ynsect要蓋
一個全世界最大的黑水虻工廠，想把荷蘭的Protix比下去。
這意味著世界各國都體認到，黑水虻很可能是未來地球的
救星。

利用黑水虻處理有機廢棄物，從孵
化到成蛹階段都可以利用有機廢棄
物中的營養成分，並轉換為黑水虻
本身的蛋白質、脂肪、幾丁質等，
成為雞鴨動物的優良飼料。

黑水虻的甲殼素

甲殼素近年被當成很夯的減肥聖品，事實上，它的功能不僅於此，而黑水虻的蟲蛻，就富含滿滿的甲殼素，具營養和經濟價值。

甲殼素是含有幾丁質和幾丁聚醣的物質，來自昆蟲及甲殼類動物外殼，在人類世界中，被認為可以促進腸內有益菌叢的繁殖，抑制有害菌叢的滋生，消化不好的人常吃甲殼素來改善，它主要具有維持消化道機能、阻斷油脂吸收，以及提升防護力的功效。像有些化妝品也會添加甲殼素，標榜具有修復功能。因此被廣泛應用在健康食品、美容用品當中。

黑水虻幼蟲一生要蛻皮六次，蟲蛻中的甲殼素，除了可以做成人吃的健康食品，也能滋養土壤，是很多微生物繁殖的重要食物，能讓土壤裡面微生物的種類和數量都變得更豐富，可使植物的生長更加健康，不僅收成好，人吃了這樣的農作物之後，對身體也有益。

雖然甲殼素看似對人體有很多益處，但若是直接攝取甲殼素製成的健康食品，還是要注意，身體有過敏症狀者，以及孕婦、授乳者、嬰幼兒，還是盡量不要攝取為佳，至於服用慢性病藥物者，請教醫師之後再斟酌使用比較安全。

第 4 章
蜻蜓石是自給自足
的小宇宙

以智慧農業方式，生產利益眾生的糧食，

營造親近大自然的五感生活體驗，

促使生態保育內化為生活日常的心態與作為。

1 蜻蜓石小宇宙：
實踐「三生」的美好生活

第一章提到的蜻蜓石三生夢想，在這山間小宇宙，我正努力實踐著。「三生」產業是農委會為了維護農業「生產」，兼顧「生態」保育，進而達到改善「生活」所提出來的理想。

我在蜻蜓石採取的農場經營策略，即是維繫生產、生活、生態這「三生」的平衡發展。希望以循環農業的方式來生產，讓生態變好，生活更自在健康。

▼蜻蜓石生態農場實踐「三生」的共好循環

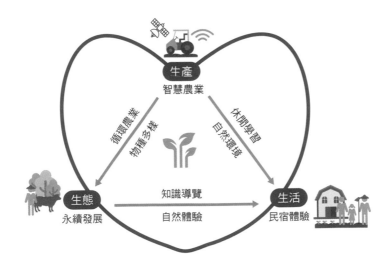

甚至，透過導覽、大自然的體驗，讓美好的生態可以變為現鈔，成為經濟收益的來源之一。雖然有點現實，卻是一舉數得的方法。

當生態可以換錢時，生態保育就不只是一些懷有崇高理想的人，才會去做的事情，而會有人開始願意好好維護生態，使生態保育變成一個平民運動。

因此，我努力經營我的農場，讓生態變好，利用民宿客人到訪的時機，讓他們在自然環境的環繞中，休閒、放鬆也學習，親自感受自然環境帶來的身心靈美好體驗，進而把保護生態的觀念帶下山，影響更多人，共同守護環境。

自成一格的完整生態圈

自從 2000 年買了這塊土地後，我就依照三生產業的理想，規劃蜻蜓石的循環農業。以我所構思並實踐的蜻蜓石生態圈圖，搭配蜻蜓石生態導覽圖一起看，很清楚地說明我的理念（見第 146 頁）。

從客人上山開始到離開，吃到的蔬菜水果都是我種的，用完餐之後，剩下廚餘，由於山上沒有清潔隊，之前我必須自己挖洞埋。

後來有一次客人很多，就先把廚餘放到角落，一忙就忘記了，等到想起來，衝過去時，已經聞到臭味，立馬奔去廚餘桶，一打開，裡面都是蛆，而且都是很大隻，以前都沒有看過這麼肥碩的蛆。看到這種景象，我其實很高興，因為這蟲可以把我的廚餘吃掉，從此就可以不要再幹挖洞的苦力活了！

牠的本尊就是前面提到的黑水虻，於是廚餘就用來養蟲，當蟲越養越多，就開始養雞，雞吃蟲，天經地義，牠本來就該吃蟲，並不是生來就該吃飼料的！想想，小時候，雞都放山養，自己找蟲吃，都長得活潑精壯。

蜻蜓石生態農場園區導覽圖

北

頭城

CHUANG
文岳2016

以蟲視角看農場生態鏈

雞為什麼要吃蟲？除了有動物蛋白以外，那是因為蟲體內還有很強的抗菌素。

想想看！蟲都在哪裡生長？大多在腐食堆或動物屍體上，這些腐敗的物質，裡頭有許多的微生物、病菌、病毒，蟲為何不會生病呢？

在演化上，牠就是被命定來吃腐爛的東西，是屬於腐食性昆蟲，肩負地球清道夫使命，因此老天一定會給予牠特殊能力，在吃腐食過程中能夠存活，也就是讓牠體內有很強的抗菌素，就算吃下腐敗食物，也能照常生存繁衍。

當農場的雞吃了黑水虻，獲取豐富的動物蛋白，能健康生長，還得到了抗菌素，這樣雞就不容易生病，也不需要打抗生素，飼料也不用再添加動物用藥，這樣的雞肉、雞蛋到了餐桌，就成為天然健康的美食。

當餐桌完食，廚餘再度回到養蟲的循環。我們小時候玩的遊戲，棒打老虎雞吃蟲，其生態循環就在我的農場中不斷運行。

在農場中，為了植物授粉，我還養了蜜蜂。本來養蜂是希望牠幫忙傳播花粉，使瓜果類的作物能開花、授粉、結果，幫助農作物繁衍。

後來因為產蜜可以賣錢，就開始增加飼養量，一個蜂箱可養兩萬隻蜜蜂，吸了花蜜之後，在農場花叢間嗡嗡嗡穿梭飛舞，達到授粉的功能。

當牠回到蜂窩，再吐出花蜜，在蜂巢內發酵，就產生蜂蜜。但我常常在想，人們如此喜歡吃蜜蜂吐出的東西，卻很排斥吃蟲，實在有點奇怪！

精心設計小循環，土壤、植物都受益

在大循環裡面，其實我還精心設計了小循環：養蟲跟養雞會產生蟲糞跟雞糞，蒐集起來做成一包包的堆肥。

在堆肥裡，我會放一些微生物，例如酵母菌、枯草桿菌、放射菌等，幫助有機質礦物化，成為有機肥，做為農場裡蔬菜水果的天然肥料。換句話說，種植前，我會先養地。

將做好的堆肥放在土地上，用鋤頭拌入土中，餵養土裡的微生物。當植物種下，根開下之後，就有天然的食物——有機肥可以吃，土壤內的有益微生物，也可以誘導植物產生抗性，抵抗病害及蟲害。

　　所以，這裡雖然是有機農場，即使不用農藥，卻也會有不錯的收成，主要的原因就是植物自己產生抵抗病蟲害的機制。

　　我想，植物如果能說話，應該也會感謝我吧！

蜻蜓石生態農場空中鳥瞰全景。

在蜻蜓石採取的農場經營策略，以維繫生產、生活、生態這「三生」的平衡發展。希望以循環農業的方式來生產，讓生態變好，生活更自在健康。

農場活用二氧化碳，讓空氣更清新

有了天然有機肥滋養農作物，不需要再買化學肥料，也不用噴灑農藥，既省錢也能維護生態環境。

有機質發酵過程會產生二氧化碳，跟做麵包的發酵道理相同，甚至人呼吸也同樣會產出二氧化碳。

一樣的氣體，在不同場域，卻有截然不同的角色及功能。二氧化碳在都市是有害氣體，在我的農場卻是生產資源。

因為蔬菜水果行光合作用，過程中就會在葉綠體內，用光來氧化水，產生氧氣，同時還原二氧化碳，合成碳水化合物，存入體內，讓植物長大。

若沒有二氧化碳，還無法進行光合作用，因此在農場裡，二氧化碳在植物生長過程中被充分使用後，再排出氧氣，又回到生態系，成為人們呼吸的新鮮空氣。

如此，蜻蜓石自成一個完整的生態圈，就像是一個小宇宙，可以自給自足，維持自然平衡，最重要的是，還能守護地球，與天地共生息。

2 吃蟲是必然趨勢：
營養價值高又環保

《天下雜誌》在 2015 年寫道：「未來食物，多吃蟲，救地球！」文中提及，把昆蟲夾進漢堡、將蟋蟀磨粉做成餅乾，這並不是人們的惡作劇，而是歐美近年開始的「食用昆蟲」熱潮，昆蟲不僅營養價值高、容易飼養，甚至還很環保，將成為改變人類未來的新穎食物。

無獨有偶，2017 年，聯合國糧食及農業組織大力推廣食用昆蟲，並表示昆蟲是環保又永續的另一種動物性蛋白質來源，同時也教導孩子正確的吃蟲觀念。

2021 年，在聯合國糧食及農業組織的報告中，從食物的安全角度來評估吃昆蟲這件事，明白宣示其安全性，由此可見，吃蟲，勢在必行。

但敢不敢吃又是另一回事！理性來看，從營養價值的觀點來檢視，一百公克的蟲肉和牛排相比，蛋白質含量，蟲肉是牛肉的 2 倍；脂肪含量，蟲肉是牛肉的 5 倍，吃下食物產生的能量，蟲肉是牛肉的 3 倍，由此可見，吃牛肉還不如吃蟲！

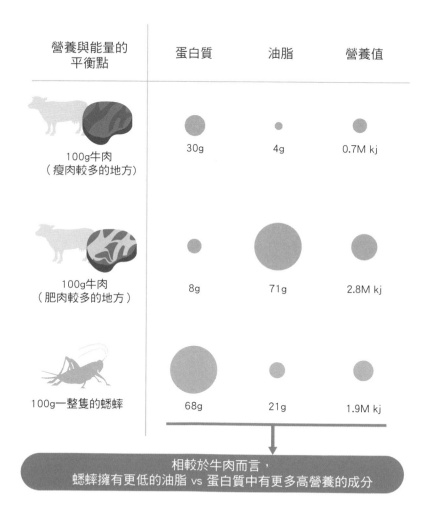

▼牛、蟲蛋白質、能量比較圖

營養與能量的平衡點	蛋白質	油脂	營養值
100g牛肉（瘦肉較多的地方）	30g	4g	0.7M kj
100g牛肉（肥肉較多的地方）	8g	71g	2.8M kj
100g一整隻的蟋蟀	68g	21g	1.9M kj

相較於牛肉而言，
蟋蟀擁有更低的油脂 vs 蛋白質中有更多高營養的成分

胭脂蟲是絕佳的紅色天然色素

胭脂蟲（Cochineal）生長在仙人掌上，原產於南美洲，全身都是紅的，體內含有大量紅色素，長大後將其磨碎、加工，就成了天然紅色色素，可作為繪畫顏料、食品添加物。很多人聽到吃蟲會覺得很噁心，但許多紅色的天然色素都是用胭脂蟲做的，加工後用在人類的食物上，像是甜點、番茄醬、草莓醬、果汁、糖果、熱狗、香腸，甚至是口紅，等於每天都有機會吃到蟲。

▼含有胭脂蟲色素的食物

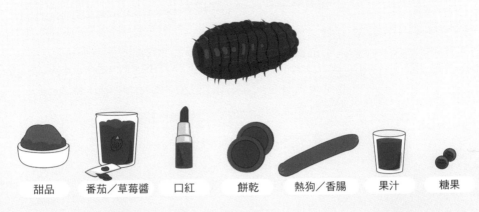

| 甜品 | 番茄／草莓醬 | 口紅 | 餅乾 | 熱狗／香腸 | 果汁 | 糖果 |

怕吃蟲，就先吃蟲飼養的雞

很多人一聽到吃蟲，會覺得很噁心，卻可能早在不自覺的情況下，吃進了蟲。比方說，很多紅色的天然色素是用胭脂蟲做的，是將蟲體加工後，將天然紅色色素用在人類的食物上，像是甜點、番茄醬等等，吃到蟲的機率，比想像中來得高。

可以的話，我也希望讓客人吃蟲，因為吃蟲可以救地球，可是現階段還不敢這麼做，畢竟時機尚未成熟，好不容易民宿累積的 4.9 顆星評價，可能因為菜裡有蟲就毀了，畢竟目前民眾的接受度還不高。

因此，我繞了一個彎，將黑水虻走往飼料這條路，食物之路先緩緩。我拿蟲來餵雞，只見黑水虻一撒出去，雞兒快速飛奔而來，可見他們有多喜歡吃蟲！當你還給牠們原始的本能：雞吃蟲，天經地義，當然會很快樂！所以餵牠吃蟲，等於改善雞的生存福利，一點也不假。

以此類推，當人們吃蛋、雞肉時，其實也等於是間接吃蟲了，加上因為雞快樂的吃蟲，牠的肉和蛋也應該很快樂，我想，人吃了也會跟著快樂起來！

3 以蟲為食愛地球：
從蟲飼料開始，影響力超乎想像

英國一個關於飼料（All About Feed）的網站，近年密集探討昆蟲蛋白的優點，我從中整理出黑水虻的相關的內容發現，餵養廚餘，黑水虻只需 12 天左右，就能養成富含蛋白質的蟲體。

黑水虻的土地利用效率是大豆的 1,500 倍，意思就是說，不需要大規模砍伐森林去種大豆，只要好好養黑水虻，就更能讓土地維持其自然面貌。

另外，在小型試驗場利用黑水虻養雞，可以讓雞的產量大幅增加。每年還可以減少超過 5,000 噸二氧化碳的排放，我們種 1 公頃的森林，等同 10 公噸的二氧化碳；也就是說，一個小型黑水虻實驗場所減少的二氧化碳，就等同 500 公頃森林的效益。

同時，還可以減少 1,500 噸的廚餘，況且蟲體還能提供富含營養的飼料來源，可謂既經濟又環保，一舉多得。

黑水虻身為蟲，在自然界本來就是動物的食物，大量飼養牠，可以改善動物的福利，因為營養充足又美味，讓動

物們每天都有牛排可以吃的概念，生活滿意度高，成為快樂健康的動物。

此外，飼養黑水虻，還幫助小農生產在地的有機畜產品，想吃有機蛋、肉，不需要再捨近求遠。農夫可以在自家小型農牧場養黑水虻，實現循環農業。還能增加有機肥料供應，蟲體還可萃取為生質柴油，一舉多得！

以上的種種益處，讓我相當看好黑水虻的未來，若台灣能重視並善加利用，前景將無可限量！

▼蜻蜓石自成生態小宇宙

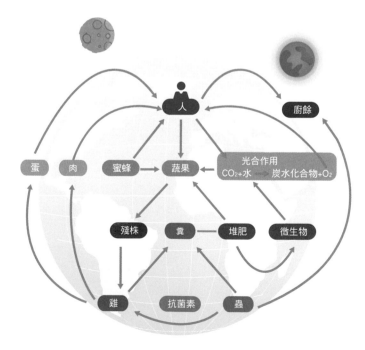

4 蟲糞和蟲蛻：滋養土地與植物

2022 年在氣候變遷與永續發展期刊發表的報告中指出，昆蟲的糞便與蛻下的表皮，可以促進植物的生長跟健康。一隻黑水虻從小養到大要脫 6 次皮。

假設一個盒子裡有 1 萬隻蟲，等於有 6 萬個昆蟲的蛻，裡面有著滿滿的幾丁質、甲殼素，是很好的天然肥料。

▼昆蟲的生態循環圖

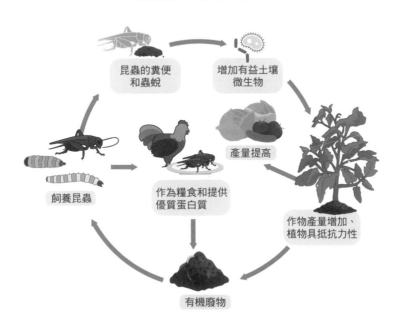

昆蟲的糞便和蟲蛻
增加有益土壤微生物
產量提高
作物產量增加、植物具抵抗力性
有機廢物
作為糧食和提供優質蛋白質
飼養昆蟲

土壤裡面的微生物，是以有機質及昆蟲的甲殼素為營養來源，剛好蟲蛻可提供其繁殖，如此養成豐富的微生物相，可以促進植物健康生長。

昆蟲本身到蟲糞、蟲蛻都是寶

　　昆蟲的糞便跟蛻下來的皮，除了取代化學肥料的氮磷鉀元素以外，也促進植物根部的有益微生物增生，誘導植物產生自主的抗體，以抵禦病原菌和昆蟲的危害，能長得更加健康。

　　同時還能促進植物的生長效率，讓訪花的昆蟲更願意來到花的身邊，提高植物的授粉率，也就增加了糧食的產量。

　　2022 年 4 月，全球肥料的價格已經漲了超過四成，甚至預估農作物最糟的狀態，可能會產量減半，這意味著糧食價錢將跟著水漲船高，農業商機概念的基金正夯，但同時，糧食危機已然敲起警鐘！

克莉絲汀 · 歐森（Kristin Ohlson）的著作《土壤的救贖》（The Soil Will Save Us）中提到：我們的腳下，就有一個龐大無比的微生物帝國，能將植物從大氣中吸收的二氧化碳，轉換成生物生存所需的土壤碳，維持土壤的碳吸存或土壤碳庫。

但是，人類使用化學肥料，土壤的微生物無法利用它，導致其凋亡或消失，會破壞微生物的菌相。

如果我們能夠好好善待腳底下的土壤，改用有機肥料，或者改用昆蟲的糞便跟蟲蛻，可以幫助微生物在土壤裡大量繁殖，不僅能促進植物的健康生長，還能改善土質，使其海綿化，可以吸水，就不怕強降雨帶來的災害。

這樣就不用大舉建造滯洪池、堤防、抽水站，土壤養好，就能吸取水份，乾旱時，再慢慢釋放出來。這也是最好守護國土安全的方法。

由此可知，蟲糞和蟲蛻，對植物和人類來說，如同至寶。

植物抵禦外侮的求生武器：植化素

我在農場裡巡田時，常常會看到高麗菜或蔬果上面，爬著好幾隻蟲，把菜葉咬得坑坑洞洞的，當毛毛蟲吃飽長大就變蝴蝶了！走在農場旁的草坪上，就能享受被蝴蝶圍繞的幸福感。

為什麼有那麼多蟲及蝴蝶？因為我所種植的有機蔬菜不噴農藥、不用化肥，我來到這片山區開墾，生態不僅沒有破壞，反而還變得更好，高麗菜的老葉被昆蟲咬得滿目瘡痍，但剛長出來的幼嫩新葉，昆蟲反而不喜歡吃？這跟植物的免疫系統息息相關。

關於植物的免疫系統，科學家經過長久研究，在 2013 年才終於揭密。

在《Nature》期刊發表的一篇報告中說，當昆蟲咬了葉片之後，葉子產生電子訊號，警示遭受外敵侵襲，植物就會產生免疫反應，就如同人類去打疫苗一樣。

▼昆蟲、蟲糞與蟲蛻對植物生長的功能

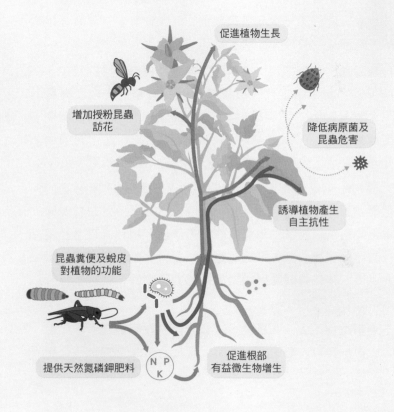

促進植物生長

增加授粉昆蟲
訪花

降低病原菌及
昆蟲危害

誘導植物產生
自主抗性

昆蟲糞便及蛻皮
對植物的功能

提供天然氮磷鉀肥料

N
P
K

促進根部
有益微生物增生

植物免疫機制的運作，是自體分泌出化學物質，例如：合成抗生物質（antibiotics），累積在新長出來的葉片中，味道跟口感很不一樣，昆蟲覓食的時候會發現：菜味怪怪的，這不是我的菜啊！就不吃了。

植物藉由免疫機制，達到防禦外侮及保護自己的目的，就可以繼續傳宗接代。植物體系既沒有醫生，也沒有醫院，如果完全沒有抵抗能力，會面臨滅種命運。目前我們還能見到的蔬菜及各類植物，在經年累月的進化繁衍過程，能存活至今，必然是自我防衛能力產生了效用。

植物用免疫反應來保護自己，面對外敵入侵所分泌的化學物質，稱為植化素（phytochemicals），林口長庚醫院胃腸科系顧問及主治醫師陳邦基表示，植化素提供了植物的自我保護功能，抵抗昆蟲、細菌、真菌、病毒的感染與傷害，當昆蟲感受到植物分泌的特殊物質，就不去啃食它。

蟲不吃那不合口味新葉，最終人類就會吃到含有植化素的植物，其對人體的主要功能，包括含有強力的抗氧化物

質，可以清除自由基、活化免疫機能、增強免疫力、發揮生理機能、激發解毒酵素活性、預防細胞受損、抑制發炎及過敏反應，抵抗細菌及病毒感染等等。試想，如果人體內有這麼多強大的機能在運作，基本上應該不太會生病。所以，有人把植化素稱為「21 世紀的維生素」。

如果去買水耕蔬果，外觀漂漂亮亮的，沒有因為被昆蟲咬過後激發產生的植化素，可能只會吃進碳水化合物跟纖維素，純粹感覺良好，營養防護未必到位。如果要攝取有益於人體的物質的話，最好就吃自然情況下生長的有機蔬菜。

美國醫師戴芙妮‧米勒（Daphne Miller, M. D.），哈佛大學的醫學博士，她發現很多患者是因為飲食有問題才導致生病，於是決定到土地、農場及醫院觀察，並著作成書《好農業，是最好的醫生》。她說，醫生是生病時求診，負責醫治你的人，而好的農夫卻可以讓你不生病。

所以，是要去醫院好還是農場好？把錢花給醫生還是自己？人們可以好好去衡量！

第 5 章
昆蟲打造的人生路

一生跟昆蟲的緣分濃得化不開，

從對昆蟲感興趣，到跨入研究、敵對防治等領域，

現在則以全新視角與心境，和昆蟲交心做朋友。

1 昆蟲決定了我的人生

我是一個來自苗栗苑裡的鄉下孩子，從小就在田裡打滾，跟土地親近，也對昆蟲不排斥，大學聯考後，進了中興大學昆蟲系就讀，畢業後，順利考上台灣大學的昆蟲研究所，這一生跟昆蟲的緣分，就此再也化不開。

大學畢業正準備上研究所的暑假，美國國會博物館的昆蟲學者唐納德・戴維斯（Donald Davis）來台，他是世界蛾類及古生物專家，那年（1980）世界昆蟲學會在日本召開，他希望順道來台灣採集蛾類等昆蟲標本，徵求一位可以陪同採集的人。

我見機會難得，便積極爭取機會擔任他的助手，順利甄選上之後，就開始帶著他在台灣各地，進行昆蟲採集工作，也幫忙做標本。

遇見學術生涯的貴人：朱耀沂教授

當時國科會商請台大昆蟲系的朱耀沂教授來協助他，我記得，那三天我們都待在東埔，一起工作、採集。

蛾類在夜間活動，晚上要找個好地點點燈，把牠們引誘過來，所以我都得背著笨重的乾電池、燈具等設備，動輒2、30多公斤，是相當粗重的工作。

朱老師看我長得壯壯的、很能負重，就問我：「你現在在做什麼？」我回答：「大學剛畢業。」他又問：「那你接下來有什麼計畫？」我說：「已經考上台大昆蟲研究所了，所以趁暑假來陪 Davis 主任採集。」

朱老師聽了之後就告訴我：「既然已經考上台大昆蟲所，你到台北就來找我！」我當時沒想太多，就傻傻的答應了，沒想到，因緣際會，朱老師成了影響我學術生涯的大貴人。

做非主流的甘蔗害蟲研究

結束了老外的採集活動，我到台大報到，真的去找了朱老師，他馬上給我論文題目，做赤腳青銅金龜的防治。

金龜子幼蟲俗稱為雞母蟲，平常躲在地底下，會吃甘蔗的根，因此是重要的甘蔗害蟲。當年台糖生產甘蔗製糖，創造很多外匯，所以甘蔗也算是重要的經濟作物，必須研究防治方法來對付牠。

當時我們班上總共有五個同學，在朱老師研究室裡，就有三個碩士班新生，其中兩位都是做水稻害蟲防治，只有我做甘蔗害蟲——赤腳青銅金龜的防治研究。

　　水稻在當時是台灣的重要作物，研究的人也多，感覺做水稻病蟲害防治研究比較有前途，也可能是因為朱老師知道做水稻害蟲研究，男、女生都可以做。但是，做甘蔗害蟲研究，就要像我這種身材粗勇、耐操的學生，畢竟我是鄉下小孩，大學的時候還是中興大學橄欖球隊的隊長，所以才給了我這個題目。

　　後來才慢慢知道，朱老師也是橄欖球隊，是大同中學橄欖球隊的前鋒，他很喜歡金龜子這個主題，可是身為研究學者，很難有機會選擇自己想研究的題目，因為研究經費主要是向農委會、國科會等單位申請，這些部會都有他們想執行的政策。

水稻是當時的主流農作物，比較容易拿到經費，甘蔗那時已是沒落產業，所以它的害蟲防治，相對不是那麼受重視。

　　後來我自己當了老師，回首這段過往，不禁想，朱老師應該是好不容易盼到我這樣身強體壯的研究生，不僅體力好，還是鄉下務農的小孩，應該能夠去執行他自己的興趣跟願望，想想也是難得的師徒緣分。

橄欖校隊的我，很能負重，世界昆蟲學者唐納德・戴維斯（Donald Davis）來台採集蛾類等昆蟲標本，我順利爭取陪同採集，身揹笨重配備難不倒我。

1980 年是我人生很重要的關鍵年，因為和朱耀沂教授結緣，自此影響我的學術研究生涯；碩士班追隨老師研究金龜子，是他鍾愛的研究主題。

我退伍後，朱老師召我回台大擔任助教一職，之後更引領我到台大任教，而我一待就是三十年。

2 邁向昆蟲老師之路：
貴人相助，在台大昆蟲系立足

研究所畢業以後，我就去當兵了。期間常寫信跟朱耀沂老師聯絡，沒想到就此遇上了命定的的人生轉折。

在當兵快退伍的前幾個月，系上有位老師突然過世，當時擔任系主任的朱老師就寫信告訴我，系上有個缺，問我有沒有興趣在退伍之後回去擔任助教？我立馬答應！

畢竟退伍後也不知道要做什麼，這麼難得的機會，當然要把握！朱老師當真是我的貴人，不僅給了我他鍾愛的研究方向，還一路把我引進昆蟲系任教。

後來我才知道，其實當時很多人想爭取這個教職，我進去了以後，發現系上氛圍有些詭譎，輾轉了解才得知，從前系上老師只有朱老師是台籍青年，省籍隔閡加上朱老師奮發苦讀的形象，與當年系上一些老師們悠哉游哉的生活態度極度不協調，他也自然成為一隻孤鳥。

加上朱老師當時身為系主任，那時候系主任權力相當大，有權力決定新聘人選，但也因我被認為是「朱老師的人馬」，隱約感覺到被同僚消極抵制。

追隨朱老師風範，專心教學與研究

朱耀沂老師的行事風格，就如同古代的「士大夫無私交」，凡事公事公辦，不攪和人情，在系上是個特立獨行的人，但專業跟研究能力很強，而且非常照顧門生。

一直到他 2015 年過世前，我們所有門生每年還會相聚，互相聯絡感情。即使他已經過世 6 年了，2021 年我們還辦了一個「朱耀沂教授 90 誕辰紀念會」，足見朱老師在門生心中的份量。

朱老師的待人處事，為我帶來極大的影響。我似乎也承襲了他平日形同孤鳥的作風，在台大也是獨來獨往，一心專注於教學與研究，不太跟同事有私下交流。

畢竟，一個來自鄉下的小孩，在競爭激烈的台大，只有比別人更努力，奮力往前走，才有出頭的機會。

3 三個十年，累積了宏觀與微觀的研究實力

第一個十年：堅守研究蟲害防治使命

在台大服務三十年的歲月，每一個十年，都是別具意義的里程碑。

第一個十年，一邊在台大教書，一邊唸博士，生活除了上課、備課，最大的重心，就是做博士論文相關的研究，而病蟲害防治，依然是我學術生涯的重點。

這輩子，我幾乎都在做蟲害防治以及昆蟲相關的應用研究，起因於朱耀沂老師的一席話，讓我一路堅定不移。

有一次酒過三巡，朱老師在半醉半醒間，很嚴肅地跟我說：「石頭仔！你以後的工作，如果不是做對農民有貢獻的事，不要說是我的學生喔！」剛聽到時，著實愣了一下，但很快就答應老師，絕不會辜負他的栽培！

朱老師認為，昆蟲系放在農學院，必然有其意義，賦予了昆蟲系的研究使命，就是要著重在應用。而昆蟲的應用範疇，大部分在蟲害防治，說穿了，就是要想辦法把牠們殺掉。

朱耀沂老師的專業和研究能力很強，而且非常照顧門生。2015 年朱老師過世之後，旗下門生每年還是會相聚，互相聯絡感情。2021 年選擇在蜻蜓石舉辦「朱耀沂教授 90 誕辰紀念會」。

我想，老師一路用心提拔我，如果中途變心，他應該會很傷心吧！所以才會趁著酒意，希望我不要轉行，好好做蟲害防治、幫助農民，繼承他的衣缽。老師的酒後真言，我一直奉為圭臬，也成了影響一生的座右銘。

　　沒想到，當拿到博士學位、升了副教授之後，學術方向，卻有了轉彎的契機，那麼，我還能堅持住老師要我走的路嗎？

第二個十年：以微觀生物技術，強化殺蟲效果

　　在台大的前十年，做蟲害防治相關研究，是從環境對昆蟲的影響、生態與昆蟲的互動等為出發點，屬於宏觀的角度。

　　博士畢業以後，剛好國科會有個機會，可以去美國做生物技術、分子生物學的研究，我想開拓自己的學術道路，就決定赴美一年。

　　不過，這不算轉行，一樣是在研究昆蟲、做蟲害防治，只是走基因重組和昆蟲病毒的方向，屬於微觀的世界。

從宏觀走向微觀，研究方法一百八十度大轉變，唯一不變的，是依然延續著朱老師交付給我的職志：蟲害防治。

如何從微觀的角度來防治蟲害？可以從基因改造病毒感染方向來做。

也就是說，利用桿狀病毒會感染進入到蟲體，造成田間昆蟲流行病，藉此殺死昆蟲，或讓牠的族群弱化，就能讓蟲害防治達到成效。

不過，常會有種種原因，導致原來的病毒不夠強，無法順利除去蟲害，或是殺死害蟲的時間太長，保護不了作物。

我的工作就是強化昆蟲病毒，在實驗室利用生物技術，改造病毒基因組，發展出很強的病毒株，大規模感染田間害蟲，擴大病毒的傳播範圍，從區域性的影響，擴展到數十甚至上百公頃。

以基因改造、遺傳工程的角度出發，強化病毒來殺滅害蟲，感染能力更強，殺蟲效果更快。從美國回來之後，我就繼續朝這個方向，開啟了第二個十年的生物技術和分子生物學研究之路。

研究工作需要長久浸淫及不斷的努力才能有一點成果，像我這樣中途轉換跑道，其實是吃力又不討好。因為更換研究領域，也讓我嘗盡了苦頭。

　　除了朱老師的不諒解外，初期我幾乎申請不到任何研究經費，當然也沒有研究報告可以發表。此時的我，像極了蘇東坡落難黃州時，「空庖煮寒菜，破灶燒濕葦」的淒涼。

　　那時候，為了研究病毒，我要培養昆蟲細胞，細胞培養必須用到胎牛血清，一瓶胎牛血清要價 5,000 元，每次在更換細胞培養液時，就好像是到醫院當血牛賣血。

　　因為這樣，激發了我開發無血清細胞培養液的意念，也著手自己建立斜紋夜蛾細胞株，並獲智慧財產局專利，這是我第一個研究專利。

第三個十年：走入人群，推廣環境生態教育

　　大學教授每七年都有一年的帶薪休假，1998 年，我決定利用這一年的時間，去紐西蘭進行訪問研究。到了紐西蘭南島的林肯大學，我再次開拓了新的學術領域，用昆蟲做環境教育的工作。

在當地，他們很尊重我，因為那時候我已經是教授了，常常邀請我參與很多討論。我發現，除了蟲害防治是要項之外，他們還很重視昆蟲與生物多樣性、環境教育、生態保育的關係。每次的午茶，或假日的聚會，大家的談話內容，都讓我開了眼界。

負責製作「台灣昆蟲‧驚豔一百」，榮獲文化部頒發的 2012 年金鐘獎「科學節目獎」，並入圍 NHK 日本賞。

回到台灣之後，我那不安分的心又再度怦怦跳，我的研究領域再次從原本利用生物技術做蟲害防治，轉到了昆蟲推廣跟科學教育。

　　我想用昆蟲來做科學教育，也算是昆蟲的應用，並沒有偏離恩師的叮嚀。以蟲害防治來說，有再好的病毒或防治技術，若沒有人了解，就無法普及。若能有效推廣出去，讓農民知道確切的用法，進而說服他們採納，就能達到更大的效果。

　　利用昆蟲來做科學教育，可以擴大影響力。從學術到生活，都能觸及。加上昆蟲數量多、分布廣，能應用的範圍也大。比如說，讓小朋友養蠶寶寶，也是從昆蟲角度出發，學習並認識蠶的生理變化的過程，從而培養學童生態關懷的情操。

　　1999 年，從紐西蘭回台後，我又轉換了一次跑道，開始做很多跟生態、環境教育有關的研究，甚至還拍昆蟲影片，製作「台灣昆蟲・驚豔一百」，還拿到文化部頒發的 2012 年金鐘獎「科學節目獎」。

我向社會大眾介紹昆蟲，推廣昆蟲的知識，其中當然也包括了蟲害防治，一路走來，都離不開這個範疇，與其說是師父給的緊箍咒，不如說是我從未忘卻對朱老師的承諾。

三個十年：受命防治紅火蟻，過去經驗全是助力

2004 年，紅火蟻在台灣造成非常嚴重的危害，前所未見。面對這個外來物種，沒有人知道該如何防治，剛開始我也全然沒有頭緒。就在這個時刻，我被任命為國家紅火蟻防治中心執行長，只好硬著頭皮開始研究紅火蟻。

為了這個難纏的傢伙，我整整有三個月的時間睡在實驗室，忙到沒有時間回家。當時國家為了及早撲滅，要我在極短的時間內，推動紅火蟻的防治工作，並且要見到成效。在沉重壓力下，我開始思索過往所學以及研究該如何整合活用，來對抗紅火蟻。

2004 年，台灣紅火蟻肆虐，政府成立「國家紅火蟻防治中心」，臨危受命擔任防治中心執行長。

2005 年，拜訪澳洲紅火蟻防治中心，交換寶貴經驗。

2005 年，前往美國德州農工大學拜訪紅火蟻防治中心；並當場試用紅火蟻噴藥車。

邀請美國農部火蟻防治中心主任 Dr. Vander Meer 訪台指導火蟻防治。

過去在蟲害防治的宏觀與微觀研究，以及科學教育、昆蟲推廣所累積的經驗，在紅火蟻的防治，全用上了，以往所走的每一步，彷彿都是為未來的某個機遇而準備，可以說是因緣際會，更感覺是老天爺安排好的路。

雙管齊下，宣導影片與訓練防治隊

　　為了喚起大家對紅火蟻的重視及教導正確的防治知識，我拍了很多宣導影片，告訴大家怎麼辨別紅火蟻、發現紅火蟻後要怎麼辦？

　　藉由影片告訴民眾，殺紅火蟻跟殺一般的毛毛蟲並不相同，紅火蟻是社會性昆蟲，是集團軍隊，殺毛毛蟲則是對單兵作戰，因此，防治紅火蟻必須有精密的防治策略。好像抓小偷跟破獲黑社會組織，方法會有很大的差異，困難度也不可同日而語。

　　另一條戰線，我要訓練防治隊。因為防治隊員大部分是由當地農民組成，他們從沒有防治社會性昆蟲的經驗。看到紅火蟻，憑著過往經驗，就是死命的往紅火蟻巢噴農藥，有的放火燒，甚至還有用液態氮灌注……。

殊不知這樣的防治方法，只是把一巢的紅火蟻，驚擾外逃，變成更多巢，治絲愈棼。

　　本來蟻巢內有很多蟻后，受兵蟻和工蟻保護得很好，也很安分的在巢內產卵生活。不當的防治，迫使工蟻把蟻后從地下通道搬到更安全的地方，重新建立新巢穴，也讓紅火蟻越防治越嚴重。

　　我半哄半騙的帶領防治隊，依照我規劃的方法，有序的進行防治工作。當今的智慧農業，包括無人機、GPS、衛星航照圖等工具，當時都已經被用到紅火蟻的防治工作。

培養紅火蟻防治人才，專利餌劑美國也採用

　　當時我在台大的教職依然持續著，台大昆蟲系設置在生物資源暨農學院，而不是設在理學院或生命科學院，主要的用意是希望昆蟲系的學術研究能支持農業發展或解決蟲害問題。

2011年李嗣涔校長（中）與陳泰然副校長（左）召開記者會介紹我的研究。

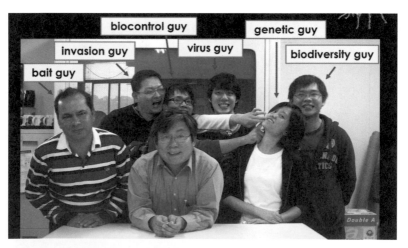

2008年實驗室的研究生都被分配來做紅火蟻研究。

利用航照圖及 GPS 軌跡規劃施藥區域。

利用遙控直升機噴藥。

組訓農民成立紅火蟻防治隊。

當時所有我門下的研究生，通通被我推入紅火蟻研究行列。總計有三位博士生，還有八位碩士生。我依據防治需求，規劃不同的研究方向，讓他們分頭進行研究，最後再整合大家的成果，應用在防治紅火蟻的工作上。

論文研究主題包括抗濕性餌劑開發、本土生物防治天敵鑑定、火蟻病毒傳播機制、蟻后基因型之判別、利用遺傳資料判定入侵途徑、火蟻偵測技術開發、火蟻對生物多樣性的影響、火蟻防治效率評估、火蟻網站設立及教案設計等等。就研究範疇而言，涵蓋蟲害防治、生態學、分類學、分子生物學、環境教育等等。可以說，把我 30 年的功力，通通用到火蟻身上。這些努力，雖然有一些小小成果，但面對大自然，人類的力量著實太渺小了，至今火蟻問題仍然存在。

目前，三個研究紅火蟻的博士生，不僅拿到博士學位，還各有成就。其中一位是現任農委會防檢局科長、一位在屏科大當副教授、一位在美國維吉尼亞理工大學（Virginia Polytechnic Institute and State University）擔任副教授。而碩士班研究生也有很多繼續深造拿到博士學位，族繁不及備載。

我在紅火蟻防治上，有個重要貢獻，就是依照台灣的潮濕氣候開發「抗濕性餌劑」，獲得台灣及美國專利許可，證實可以達到更大範圍的防治效益。全世界只有台灣有，後來美國也在跟著使用。

當時台大出版中心出了台大科學家研究的故事，裡面有一篇收錄了我的研究歷程，另外還有台大傑出服務故事，也有我的事績介紹。能被校方肯定，真的很有成就感。

從2004年接手紅火蟻防治中心執行長，一直到2007年，紅火蟻防治工作、規劃與推動已經上軌道，所有的SOP已然成形，並且已實際執行。

我覺得該做的事都做了，已完成階段性任務，不想再戀棧。剛好在台大也接了系主任、同時還擔任台灣昆蟲學會的理事長，公務繁忙，我決定卸下執行長工作，專心回歸校園。

黑水虻出現後，我對牠的研究等於是結合過去三個十年，以及紅火蟻研究的大成，將過往所有昆蟲的專業知識與技術，全數盡出，甚至也著重宣導、教育和應用，期盼藉農場、黑水虻塔及研究成果，讓世人看見，進而改變地球的命運。

台灣在地研發的紅火蟻抗濕性餌劑

在紅火蟻防治上，我帶領台大研究生共同研發出「抗濕性餌劑」，將擒賊先擒王的概念，發揮到極致。

眾所周知，蟻后在巢裡被保護得很好，派出的小螞蟻主要是工蟻，會把食物扛回去給蟻后享用，讓牠有足夠營養生育繁衍下一代。

所以，要防治紅火蟻，光是撲滅外面的小螞蟻沒有用，蟻后在巢裡每天大啖美食，還是繼續拚命生小紅火蟻，因此，要對付紅火蟻，得先收拾蟻后，只是談何容易？

當時在國外已經開發出餌劑，用低劑量有毒物質，摻在紅火蟻喜歡吃的飼料裡面，將餌劑噴在地上，當工蟻來吃時，不會立刻死亡，可是帶回蟻巢後，因為蟻后體積比較大，食量相對也大，隨著不斷進食，毒性慢慢累積，最後就會中毒而亡。

餌劑要有效，必須具有很強的吸引力，就像爆米花一樣，乾燥酥脆的時候，爽口好吃，遇潮之後就不美味了，屆時工蟻不來吃，也就沒有辦法搬回去給蟻后享用，這跟濕度密切相關。

帶領台大研究生共同研發出「抗濕性餌劑」，將擒賊先擒王的概念，
發揮到極致，搭配自行研發的紅火蟻施藥車，簡直是如虎添翼。

一般國外買來的餌劑上會說明，當噴餌劑出去之前，得先看氣象，必須在連續兩天都不會下雨的情況下，才能噴灑，否則易導致成效不彰。

　　以這個標準來看，台灣很難達到理想狀況，動不動就午後雷陣雨，還有朝露等因素，使得餌劑易受潮，因此，我將從前所學的病蟲害防治經驗整合，三個十年的研究方向都用上，感覺上就是為了要對付這隻紅火蟻。

　　我開始重新測試紅火蟻喜歡吃的餌劑，改變原來美國的配方，目的就是要讓誘餌在潮濕的情況下還具有吸引力，噴出去時，即便下雨也不怕，這就是抗濕性餌劑的誕生。

　　研發成功後，同時申請了台灣跟美國的專利，一直到現在，只要抗濕性餌劑還繼續賣，每年就還有專利權利金可以分享給我，現在幾乎都拿來研究黑水虻了。

4 一場紅火蟻災，燃起我的生命熱情

澳洲在 2000 年就已發生紅火蟻入侵，台灣到 2004 年才大爆發。當時澳洲政府宣示，2006 年就要撲滅紅火蟻，於是，國科會派我去取經。到了那裡發現，人們的生活愜意悠閒，民宿老闆還三不五時找我騎馬、談天，跟台灣的生活，簡直是天壤之別。

身而為人，生活才是重點

在澳洲紅火蟻中心那段日子，早上有早茶，中午簡單午餐，午後還有下午茶，邊喝咖啡邊談公事，工作氛圍輕鬆，但很有效率。到了周五下午，大家開始討論周末要去哪裡玩，我心想，這才是真正的生活！

我在澳洲學到一件顛覆過往思維的事：所有事情碰到休假都要延後。假設有位員工明天開始排休一周，突然有個任務到來，不能排給他，只因他明天開始要休假，這讓我著實開了眼界！

在台灣，人在休假期間都會被抓回來了，更不用說還沒開始休。甚至講到休假會有罪惡感，好像是偷懶一樣，還會譴責自己：時間都不夠用了，還想休假？

但澳洲的職場思維，完全推翻了我過往的經驗，也確實看到當地員工休假回來之後，整個人就好像一尾活龍，精神、工作態度都鮮活了起來。

在澳洲半年，我深刻體會到，身而為人，生活才是重點。工作是為了生活，不是為了工作而工作。因此，我決定改變自己的人生，回到台灣，我就決定要提早退休來開民宿。

澳洲訓練狗來幫忙偵測紅火蟻所在地方，才能規劃施藥範圍。

半年澳洲行，讓我獲益匪淺。

5 日復一日忙碌，讓我身心俱疲

在昆蟲系當教授，不僅做研究，也常常會用牠們來對照人生，從中思考出一套哲理。

比方說，螞蟻跟蜜蜂，兩個都很辛勤地工作，蜜蜂是被歌頌的，螞蟻卻是被唾棄的，為什麼兩者會差那麼多？因為螞蟻把米粒搬回家之後，米粒原封不動儲存起來；蜜蜂吸取花蜜，回家後轉化變為蜂蜜，改變了原來的形體與價值。

不當螞蟻只守成，要當蜜蜂去創新

所以，我開始檢視人生，不能再像螞蟻那樣，只是累積，沒有轉化，應該要創新，賦予不同的型態及意義。

我深覺自己以前都在當螞蟻，光把路上的米粒搬走，就已經精疲力盡了。日復一日，事情永遠做不完。從澳洲回來之後，開始想當蜜蜂，因為蜜蜂很快樂，每天嗡嗡嗡，一樣在工作，貢獻卻比螞蟻大，不像螞蟻累得剩半條命，還被人嫌棄。

從昆蟲對照到校園，以前我們上課，是很認真在聽老師講課，對老師有一定的尊敬，有強烈的求知欲。教書多年後，我發現學生的學習意願跟情緒每況愈下。

我在台上拚命想要傳授知識和經驗，台下學生卻偶有愛理不理的態度，不僅大學部，連研究生也會如此，我開始懷疑「傳道、授業、解惑」會不會只是自己的一廂情願？滿腔教學熱誠換來冷眼相待，只是浪費時間？跟學生之間的互動情況，讓我開始有些心灰意冷。

教學難以相長，我累了

努力上課的我，因為評鑑制度，有時在非理性的評分下，會感覺心血付諸東流。再加上除了教學、研究，還有服務，生活幾乎只有工作、學校，沒有家的溫暖，我開始想：要一直這樣忙與盲的生活下去嗎？

此外，還有同僚的問題。系上的老師們，都是三五成群，各有師承，我與他們相處並不熱絡，形同孤鳥，感覺自己在這個團體裡面，沒有得到任何支持，也找不到留下的動力。

擔任台大昆蟲系系主任期間，成立了台大博物館群昆蟲標本室，其中不乏百年以上之老標本與無數珍貴標本，以及師生蒐集的台灣昆蟲標本，是昆蟲學界發展重要的文化資產典藏處。

退休之後，獲頒台大名
譽教授，學校希望我退
而不休，繼續做教學與
研究工作。

現在我仍教學不輟，只不過地點從學校移轉到自家生態民宿，聽課者換成
了一般民眾，繼續為推廣昆蟲生態、環境教育等貢獻一己之力。

剛好當時國家有個優退方案，年滿五十五歲，服務滿二十五年，申請退休，政府多給五個基數，大概是五十萬，希望鼓勵大家提早退休。

另外還有一個重要原因，當時我指導的一位博士班學生，相當的優秀，我想，從前朱老師把我引進來，若要離開，一定要想辦法再引進一個好的學生到系上，如果我提早退休，這個學生剛好拿到博士，他就可以順理成章進來擔任教職。

可惜我在系裡沒有拉幫結派，加上新聘教師制度也有所變革，必須採取投票方式決定聘任與否。後來因為票數不足，他沒能進到台大昆蟲系任教，但人才是不會被埋沒的，他後來取得了京都大學的教職，現在則跳槽到美國當副教授了。

感謝自己，開創不一樣的第二人生

回想起來，一趟澳洲之行給我的衝擊太大，返台之後，2007 年開始，我對人生的想法整個大轉變，很想離開學校，開創不一樣的第二人生。

無論如何，提早退休，勢在必行。2012 年，我跟太太商量好，辦好手續，不當教授，上山當農夫、蓋民宿去！

　　一路走來，我非但不曾後悔自己提早退休的決定，甚至感謝當年無比的勇氣。

　　我在五十五歲毅然決然提早退休，在還不算太老的年紀，仍有體力開民宿、當農夫，還能耕耘一畝夢田，建造夢想中的蜻蜓城堡，甚至在無意間發現了黑水虻，重燃研究熱情，開始構築對人類及地球的貢獻藍圖，這樣的人生，真的無比幸福！

後記 守護地球的 蜻蜓城堡

　　很多第一次來到蜻蜓石的人，在行經蜿蜒的山路來到民宿時，映入眼簾的，是龐大的蜻蜓建築，有人說這是國王的城堡，也有人乍看以為是霸氣「田僑仔」的宅第……無論如何，這裡是我與妻子努力打造的夢想家園。

　　寬敞的大廳裡，有一整面牆，掛滿了各種昆蟲標本，代表著我這位昆蟲系教授一生的志業；研究昆蟲的熱情，從來不曾消減過。同時，也想跟所有到訪的朋友分享，昆蟲並不可怕，牠們是與我們一起生活在這塊土地上的生命共同體。

蜻蜓城堡的國王與皇后

　　我和妻子，在應該退休的年齡，才開始往圓夢的道路前進，老實說，真的是一度累到癱，但心情上卻是樂此不疲。只要是自己想追逐的夢想，再累都值得！

蜻蜓石近山面海，日月星光一覽無遺，徜徉大自然懷抱中，享受難得的山野時光。

民宿之內從大廳、餐廳、客房等角落，都細心營造讓旅人身心放鬆的休憩角落。

昆蟲系教授和護理師，兩個門外漢，在頭城的小山巔，構築了夢想中的蜻蜓城堡，成為了國王和王后，只是我們沒有尊貴奢華的行頭，只有胖手胝足地賣力耕耘，築夢踏實。

　　我們的辛勞與汗水沒有白費，2014 年，在拿到財團法人和諧有機農業基金會頒發的有機農產品驗證證書時，感動到幾乎飆淚，這雙因為拿鋤頭而粗糙黝黑的手，總算被看見了。2022 年，蜻蜓石獲得了第三屆台灣循環經濟獎的中小企業傑出獎，更是讓我相信，自己選的這條路是對的。

我與黑水虻的地球保衛戰

　　原本，我只想當個專業的有機農夫，依循四季耕作，經營民宿、維護生態，進行食農教育，堅持從農場到廚房延續到餐桌，鋤頭到餐盤的距離，最短的僅僅只有數公尺。

　　沒想到的是，遇見黑水虻之後，發現這蟲不僅改變了農場生態，也改變了我的人生，我重拾研究熱情，越研究越發現，這蟲根本是超級環保戰將，可以吃廚餘、餵雞、蟲糞及蟲蛻還能做有機肥料。

於是夢想越來越大，我在飼養過程中不斷改良及轉變，研發出黑水虻塔，期盼著能走進社區、甚至深入每個家庭，幫人類處理難搞的廚餘，幫地球消弭燒廚餘產生的碳，提供農漁牧的飼料及肥料，一隻看似不起眼的蟲，將重啟人們的生態圈，搶救地球於水火之間。

　　如果黑水虻塔能普及，不僅是我個人的成就，更是地球的救星。我畫了很大的未來藍圖，我想這一生，我會與黑水虻共同守護地球環境生態，讓人們與天地間的關係更加和諧，進而翻轉這個星球的命運。

　　我相信自己，更相信黑水虻，期待夢想終會成真！

蜻蜓石與昆蟲學者石正人大事記要

1998 年	赴紐西蘭進行訪問研究。
2000 年	在宜蘭縣頭城鎮山上買 5 公頃土地，向農夫學種菜。
2004 年	紅火蟻入侵台灣，擔任國家紅火蟻防治中心執行長。
2006 年	國科會派赴澳洲觀摩紅火蟻防治半年。
2007 年	萌生開民宿念頭，用整整一年以上時間，走看各地民宿。
2007 年	擔任台大昆蟲系主任暨研究所所長、擔任台灣昆蟲學會理事長。
2008 年	獲台大教學優良獎。
	開始確定蓋民宿細節，年底與建築師討論、繪圖、著手興建。

2011 年　2 月 9 日「蜻蜓石」民宿正式開張。

9 月，獲台大頒發社會服務優良獎。

2012 年　1 月，成立「蜻蜓石」民宿臉書專頁。

8 月，申請退休，第一次遇見黑水虻。

10 月，以「台灣昆蟲‧驚豔一百」影片，獲金鐘獎「科學節目獎」。

2013 年　1 月，書法家薛平男蒞臨獲贈墨寶。

2013 年　6 月，接待尼加拉瓜駐台大使。

7 月，每年舉辦蜻蜓石親子昆蟲夏令營（2020 年起因新冠疫情停辦）。

2014 年	1 月，前台大教務長羅銅壁院士暨陽明附設醫院羅世薰院長蒞臨。
	10 月，取得「有機農產品驗證證書（轉型期）」。
2015 年	3 月，因推廣有機栽培，獲頭城農會模範農民獎。
	10 月，法布爾昆蟲記「史東愛玩蟲」入圍金鐘獎。
	12 月，蜻蜓石有機生態農場溫室落成。
2016 年	8 月，被中華大胡蜂攻擊，受傷嚴重。
	9 月，應邀民視「科學再發現」談昆蟲科普影片製作。
	9 月，颱風來襲，溫室受損嚴重。
	10 月，法布爾昆蟲記「昆蟲擂台」入圍金鐘獎。
2017 年	1 月，擔任台灣農業經營管理學會理事長。
	5 月，因農業推廣教育或宜蘭縣農會頒發「造福農村」獎。
	9 月，受邀敦南誠品夜講堂。
	11 月，毛治國院長夫婦暨觀光局長蒞臨。
	12 月，舉辦「田間農業專業訓練課程」。

2018 年　　1 月，颱風來襲，溫室全倒。

6 月，舉辦農業大師論壇。

12 月，總統府秘書長陳菊蒞臨。

2019 年　　3 月，舉辦「發展有機農業的願景與困境研討會」。

4 月，翻譯瑞士經濟部 EWA 出版的黑水虻生物廢棄物處理流程（操作手冊）。

8 月，第一代黑水虻大量飼養系統試運作。

11 月，第二代黑水虻大量飼養系統試運作。

2020 年　　1 月，第三代黑水虻大量飼養系統試運作。

3 月，自產加工農產品。

3 月，自行研發設計產蛋箱。

6 月，第四代黑水虻大量飼養系統試運作。

8 月，宏碁創辦人施振榮蒞臨。

9 月，google 台灣區總經理簡立峰蒞臨。

11 月，獲台灣服務業發展協會頒發「業態創新獎」。

12 月，第五代黑水虻大量飼養系統試運作。

2021 年　2 月，圓形黑水虻飼養塔模型建立。

3 月，取得智慧財產局頒發專利證書：一種連續自動化生物反應器。

4 月，圓形黑水虻飼養塔實驗機建立。

2022 年　2 月，長庚大學校長湯明哲蒞臨。

4 月，取得智慧財產局頒發專利證書：塔形連續自動化生物飼養器。

4 月，第一套商品機組建運轉。

5 月，科技部長陳良基夫婦蒞臨。

8 月，承辦台大行政會議戶外參訪。

9 月，獲第三屆台灣循環經濟獎：中小企業傑出獎。

蜻蜓石：擁抱生態農場的幸福民宿　　211

【2023 增訂】
循環小幫手——黑水虻問答集

Q1：黑水虻進入食物鏈，有沒有病蟲害問題？

A：黑水虻進入食物鏈，通常是拿黑水虻餵雞吃，人再來吃雞。因為黑水虻體內有很強的抗菌肽，所以牠雖然吃了腐爛的東西，但是大部分病原菌都會被滅活。雞吃了黑水虻，也得到一些抗菌肽，所以更健康，不需使用動物用藥，當然也不需擔心藥物殘毒問題。

Q2：雞、豬如果吃到受重金屬污染的飼料，黑水虻吃它們的糞便是否有影響？

A：通常為了保護飼養的雞或豬抗病能力，在飼料內會添加重金屬如鋅或銅，所以常常在禽畜糞便中會累積重金屬。

根據科學研究，很多重金屬在黑水虻取食後會降低。主要原因是黑水虻會脫皮和排泄，所以一部分的重金屬在蛻皮內，一部分在糞便中，一部分在蟲體內，這種作用稱為生物修復作用。

Q3：現在事業廢棄物問題很多，黑水虻對這部分是否有幫助？

A：黑水虻最大的功能就是消化有機廢棄物。有機廢棄物種類很多，諸如廚餘、禽畜糞便、動物屍體、廢棄菇包、稻稈、蔬菜果皮殘渣、屠宰場不要的內臟或部位、過期食品、下腳料、污泥、沼渣等。只要是有機或生物廢棄物，都是黑水虻的食物。

Q4：我想居家（業餘）養黑水虻，請問建議如何進行？

A：可以在靠近樹林附近，擺放廚餘等發酵後發臭的東西，在上面放幾片瓦愣紙，過幾天就會看到黑水虻來附近繞，也會在瓦愣紙上產卵。可以收集後，放在廚餘上面，孵化的幼蟲會鑽下去吃。

Q5：以 100 坪農場為例，需要多少層虻虻塔才夠？

A：以廚餘公斤數與人數舉例如下表。

層數	可處理多少廚餘	人數
3	100 公斤	500 人
4	200 公斤	1000 人
5	400 公斤	2000 人

Q6：黑水虻如何創造低碳循環經濟？

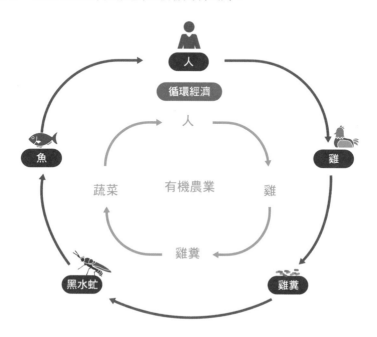

A：以上圖來看，內圈是指人養雞，再用雞糞種菜，採菜
來吃，這是傳統的有機農業。

外圈也是從人開始，人養雞，雞糞養黑水虻，黑水虻
養魚，人再來吃魚，這是一種「循環經濟」的概念。

Q7：黑水虻在台灣未來的發展願景？

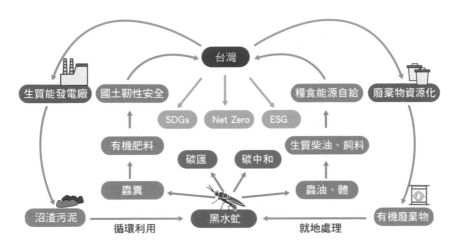

A：從台灣開始，往右邊看，我們自然資源很少，必須要
往廢棄物資源化方向走，其中有機廢棄物是最困難處理
的，目前可以用黑水虻來處理；台灣往左邊看，目前很
多生質能發電，譬如廚餘、豬糞、雞糞等做沼氣發電。
發酵後剩餘的沼渣很難處理，可以用來養黑水虻。

黑水虻長大後，蟲體和蟲油可以用來做飼料和生質柴
油，增加糧食及能源自給率。蟲糞可以用來做有機肥
料，促進國土韌性，保障國家安全。

黑水虻這些特性，使牠可以形成碳匯，幫助我們達到碳
中和。台灣未來就有機會達到低碳淨零、聯合國永續發
展目標及各企業能做好生態及社區關懷的公司治理。

黑水虻大軍實現低碳永續夢
蜻蜓石：實現循環經濟、永續零廢棄物的未來農場

作　　　者：	石正人	
採 訪 整 理：	孫沛芬	
特 約 編 輯：	黃信瑜	
封 面 設 計：	葉馥儀	
美 術 設 計：	洪祥閔	
插　　　畫：	蔡靜玫	
社　　　長：	洪美華	
責 任 編 輯：	何　喬	
出　　　版：	幸福綠光股份有限公司	
地　　　址：	台北市杭州南路一段 63 號 9 樓之 1	
電　　　話：	(02)23925338	
傳　　　真：	(02)23925380	
網　　　址：	www.thirdnature.com.tw	
E－m a i l：	reader@thirdnature.com.tw	
印　　　製：	中原造像股份有限公司	
初　　　版：	2022 年 11 月	
二　　　版：	2023 年 7 月	
二 版 二 刷：	2024 年 6 月	
郵 撥 帳 號：	50130123 幸福綠光股份有限公司	
定　　　價：	新台幣 460 元（平裝）	

ISBN　978-626-7254-23-3

總經銷：聯合發行股份有限公司
新北市新店區寶橋路 235 巷 6 弄 6 號 2 樓
電話：(02)29178022 傳真：(02)29156275

國家圖書館出版品預行編目資料

黑水虻大軍實現低碳永續夢　蜻蜓石：
實現循環經濟、永續零廢棄物的未來
農場／石正人著；孫沛芬採訪整理 --
二版 . -- 臺北市：幸福綠光股份有限公
司 , 2023.7
面；　公分

ISBN　978-626-7254-23-3（平裝）
1. 農業生態　2. 農業經營　3. 永續農業
460.1633　　　　　　　　　112009459